设施园艺
热泵技术及应用

仝宇欣　杨其长　程瑞锋 / 著

中国农业科学技术出版社

图书在版编目（CIP）数据

设施园艺热泵技术及应用／仝宇欣，杨其长，程瑞锋著 . —北京：中国农业科学技术出版社，2016.12

ISBN 978 - 7 - 5116 - 2887 - 9

Ⅰ . ①设⋯　Ⅱ. ①仝⋯②杨⋯③程⋯　Ⅲ. ①设施农业 – 园艺 – 热泵　Ⅳ. ①S621

中国版本图书馆 CIP 数据核字（2016）第 304273 号

责任编辑	张孝安　　崔改泵
责任校对	马广洋

出 版 者	中国农业科学技术出版社
	北京市海淀区中关村南大街 12 号　邮编：100081
电　　话	（010）82109708（编辑室）　（010）82109702（发行部）
	（010）82109709（读者服务部）
传　　真	（010）82106650
网　　址	http：//www.castp.cn
经 销 者	各地新华书店
印 刷 者	北京富泰印刷有限责任公司
开　　本	710mm ×1 000mm　1/16
印　　张	11.25
字　　数	150 千字
版　　次	2016 年 12 月第 1 版　2016 年 12 月第 1 次印刷
定　　价	66.00 元

前　言

PREFACE

在全球化石能源濒临枯竭、节能减排呼声日高的形势下，能源与环境污染问题已成为当今世界各国面临的重大社会问题之一。在我国，随着设施园艺产业的快速发展，温室生产对化石能源的依赖所面临的考验也越来越严峻。发展"节能、高效、低碳"设施园艺已经成为我国设施农业发展的主题。充分利用现有技术减少能耗、提高能源利用效率、降低温室气体排放是当前设施园艺领域研究热点。因此，应当正确利用和充分发挥热泵这种高效节能技术的综合优势。随着热泵技术的进一步发展，热泵节能技术必然会在我国设施园艺产业中得到迅速发展。

全书主要分为概论篇、基础篇和应用篇，论及十一个章节内容。第一章介绍了设施园艺发展及其所面临的问题，分析了热泵的特点及其节能减排效果。第二章介绍了热泵的基本知识，包括热泵热力学基础，发展历史，热泵类型，热泵理论循环等。第三章重点介绍了蒸汽压缩式热泵的基本构成、循环工质及其低温热源和驱动能源等。第四章简要介绍了设施园艺用热泵特点，利用的制约条件及其解决对策。第五章概述了湿空气状态、热力学特性，介绍了湿焓图及其在设施园艺中的利用。第六章介绍了设施加温与降温负荷计算方法及热泵选择。第七章介绍了设施物理环境，如光、温度、CO_2、湿度、风速等的基本特征、影响因素及其调控措施。第八章重点介绍了空气源热泵在设施环境综合调控中的应用，包括热泵用于温室冬季加温、降温、夏季夜间降温及除湿、白天降温并进行 CO_2 施肥等，并给出热泵性能系数计算方法及设施中导入热泵的确定。第九章介绍了空气源热泵在植物工厂环境控制中的应用，包括植物工厂内能耗分析，热泵用于室内温度、湿度及风速管理。第十章简要介绍了热泵与燃油机协同加温的方式和调控方法，其方法可以扩展到利用热泵与喷雾协同进行夏季温室降温。第十一章介绍了其他热源热泵在设施园艺中应用特点、工作原理及其影响因素。

本书编写目的是为了让更多的人了解热泵，并使热泵技术在设施园艺领域得到有效利用。

由于时间短促，作者撰写经验和水平有限，不妥之处在所难免，恳请读者予以指正。

著 者
2016 年 11 月

Preface

The world is facing with many global issues, such as fossil fuel shortage and environmental pollution, etc. For protected horticulture, the challenges are how to develop sustainable production systems with high yield and quality and to make the investments economically feasible. It is essential to employ energy efficient environment control systems since combustion-based systems are still used in protected horticulture and primary energy accounts for a substantial fraction of total production costs. Recently, heat pump technologies have been improved significantly. Heat pumps are widely recognized as highly energy efficient systems for many applications such as heating, cooling, dehumidification, as well as increase in air circulation. Thus, with the further development of heat pump technologies, we believe heat pumps will be widely used in protected horticulture in near future.

The book was divided into three parts: introduction, foundation and application, including 11 chapters. Chapter 1 describes the development of protected horticulture and the faced problems. Heat pump characteristics and its effects on reducing energy consumption and greenhouse gas emission were analyzed. Chapter 2 introduces the basic

设施园艺热泵技术及应用

I

knowledge of heat pumps, including its fundamentals of thermodynamics, development history, types and theoretical cycles, etc. Chapter 3 mainly introduces the basic composition of the vapor compression heat pump, refrigerant and its low temperature heat resources and driving energy resources. Chapter 4 briefly introduces characteristics of heat pumps used for protected horticulture, their limitations and solutions. Chapter 5 outlines the state of humid air and its thermodynamic properties. Psychrometric chart and its use in protected horticulture were introduced. Chapter 6 introduces calculation methods of heating and cooling load of the greenhouse or plant factory, and heat pumps' selection. Chapter 7 focuses on environment factors, such as light, temperature, CO_2, humidity and wind speed, their influencing factors and control methods. Chapter 8 focuses on air-source heat pump application for the integrative environment control in the facility, such as for greenhouse heating during winter, greenhouse or plant factory cooling, greenhouse cooling and dehumidification during summer night, greenhouse cooling and CO_2 enrichment during daytime. Calculation methods of heat pumps' coefficient of performance and its appropriate numbers introduced in a facility were also described in this chapter. Chapter 9 describes the application of air-source heat pumps in a plant factory. Energy consumption of a plant factory was analyzed. Heat pumps used for controlling air temperature, relative humidity and air current speed in a plant factory were introduced. Chapter 10 briefly introduces greenhouse heating by using hybrid method of heat pumps cooperate with oil heaters. Similarly, this method can be employed for greenhouse cooling using heat pumps cooperate with fogging systems. Chapter 11 describes the applications of other heat pump types in protected horticulture, their working principle and impact factors.

This book aims to enable more people to know heat pumps and to use heat pumps efficiently in protected horticulture.

目　录

CONTENTS

设施园艺热泵技术及应用

I

设施园艺热泵技术及应用

概论篇

第一章

设施园艺发展及存在的问题

第一节 我国设施园艺发展

我国设施园艺（Protected horticulture）产业经过30多年的发展，特别是近十多年的迅猛发展，2015年设施园艺面积达410.9万 hm^2（图1-1），是20世纪80年代初期的400多倍，每年人均消费蔬菜量的20%以上是由设施栽培（Protected cultivation）提供的。如表1-1所示，我国温室（Greenhouse）总面积约为205.8万 hm^2，温室类型以塑料大棚为主，节能型日光温室（Solar greenhouse）主要分布在北方地区（中国农业机械化协会设施农业分会，2015）。根据2014年统计，世界主要国家设施园艺面积如表1-2所示，除中国外，世界温室总面积约为56万 hm^2，中国的温室面积已居世界第一位。

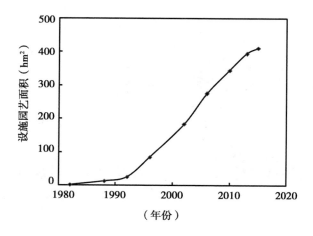

图 1-1 中国设施园艺面积发展

表 1-1 我国各地区温室类型及其面积 （单位：hm²）

省份	连栋温室	日光温室	塑料大棚	总面积
北京	1 082.4	11 161.1	9 158.5	21 402.0
天津	1 318.0	18 848.1	15 667.3	35 833.4
河北	396.1	80 134.0	125 023.4	205 553.5
山西	349.0	34 330.6	25 636.3	60 315.8
内蒙古	2 245.1	36 072.1	35 163.5	73 480.7
辽宁	647.7	258 360.8	140 391.5	399 400.0
吉林	259.0	5 303.8	13 904.2	19 467.1
黑龙江	1 306.8	1 090.4	24 640.6	27 037.9
上海	190.8	0.0	5 437.4	5 628.1
江苏	15 930.9	20 515.8	260 609.4	297 056.2
浙江	2 353.2	25.1	41 265.8	43 644.1
安徽	480.0	3 180.0	22 230.0	25 890.0
福建	215.4	14.0	7 808.4	8 037.8
江西	65.6	24.5	3 054.4	3 144.4
山东	4 388.2	104 005.9	162 609.8	271 003.8
河南	243.4	21 613.2	52 518.4	74 374.9
湖北	4 577.4	3 511.7	97 493.9	105 582.9

（续表）

省份	连栋温室	日光温室	塑料大棚	总面积
湖南	110.3	49.9	9 739.7	9 899.8
广东	1 373.2	197.6	10 459.1	12 029.9
广西	3.6	8.0	366.0	377.7
海南	5.6	15.0	2 201.3	2 221.9
重庆	9.4	0.2	43 325.6	43 335.2
四川	1 491.8	2 949.2	72 226.8	76 667.8
贵州	25.8	2.6	441.3	469.7
云南	207.1	218.1	24 227.0	24 652.1
西藏	0.0	214.4	770.4	985.8
陕西	103.1	15 695.5	50 089.1	65 887.7
甘肃	46.0	22 702.5	29 533.1	52 281.6
青海	886.45	3 099.5	2 704.3	6 690.3
宁夏	33.8	30 668.3	13 206.8	43 908.9
新疆	140.1	20 250.2	17 451.0	37 841.2
新疆生产建设兵团	13.4	2 307.7	1 945.9	4 267.0
全国	40 498.6	696 569.6	1 321 300.9	2 058 369.0

表1-2 主要国家设施园艺面积　　　（单位：hm²）

国家	设施园艺面积	国家	设施园艺面积
中国	205.8	法国	1.0
日本	4.9	波兰	0.8
韩国	5.7	西班牙	0.5
加拿大	0.2	意大利	2.7
美国	0.8	希腊	0.5
墨西哥	1.2	以色列	1.3
荷兰	1.0	土耳其	3.9

资料来源：美国亚利桑那大学 Murat Kacira 2014 年统计数据（未发表）

设施园艺热泵技术及应用

第二节　设施园艺所面临的问题

1. 能源问题

设施园艺是一种高能源消耗、高成本投入、高效率产出的生产方式，其中能源消耗占运行成本的比例较高。全世界农业生产中一年的能耗约有 35% 用于温室加温（Greenhouse heating），温室能耗的费用占温室生产总费用的 15% ~ 40%。我国除热带地区的温室冬季生产不需要加温外，大部分地区冬季都比较寒冷，有的地区严寒期甚至长达 120 ~ 200d，因此，为了保证植物正常生长发育，温室都必须配备加温设备。目前，我国建设的大型温室，北纬 35℃ 左右地区，冬季加温能耗占生产总成本的 30% ~ 40%，北纬 40℃ 左右地区占 40% ~ 50%，北纬 43℃ 及以上地区占 60% ~ 70%。以北纬 40℃ 左右地区连栋温室为例，每年燃煤消耗量为 60 ~ 150kg/m²，占整个生产成本的 30% ~ 50%（周长吉，2010）。

20 世纪 70 年代以前，国外温室生产用的燃料价格低且充足。但自从 1973 年石油危机以来，尤其是近年中东局势不稳定、CO_2 排放的限制以及京都协议书的执行等原因导致能源紧张、价格高升，全世界设施园艺的发展受到很大冲击。能源问题已成为制约世界各国设施园艺发展的重要因素之一。

我国温室加温主要采用燃煤、燃油或天然气等传统方式，一次能源消耗大，环境污染严重。据报道，我国自 1993 年起成为成品油净进口国，1996 年成为原油的净进口国，且进口数量不断攀升，2005 年石油进口的依存度超过了 40%。2010 年，一次能源消费总量为 120.02 亿 t 油当量，能源消费量占全球的 20.3%，成为世界最大的能源消费国（徐邦裕等，2008）。随着我国以设施农业为主题的现代农业的迅速发展，能源对农业生产成本的影响会越来大，农业生产将从土地短缺向能源短缺转移。

2. 环境问题

大量的煤、天然气和石油等燃料的利用不仅会带来能源问题还会加剧地球温暖化（Globe warming），即全球气候变暖。据日本环境保护厅对未来全球气温预测数据表示，在未来一百年间，全球气温可能还会再升高4℃左右（图1-2）。全球气候变暖是由于人们焚烧石炭燃料时会产生大量的温室气体，大气中过量的二氧化碳就像玻璃罩一样，对太阳辐射的可见光具有透过性，而对地球发射的长波辐射具有吸收性，阻断地面热量向外层空间的散发，导致地球温度上升，即温室效应（Greenhouse effect）（图1-3）。"温室效应"使全球气象变异，产生灾难性干旱和洪涝，并使南北极冰山融化，导致海平面上升。不仅危害自然生态系统的平衡，还威胁人类的生存。

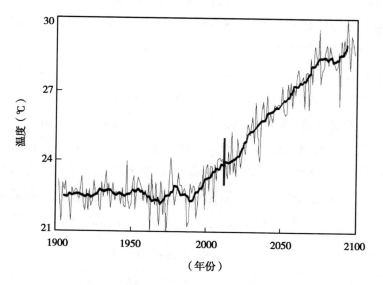

图1-2　日本环境部门对未来全球气温预测

在温室效应气体中除了二氧化碳（CO_2）、甲烷（CH_4）、一氧化二氮（N_2O）之外，还有破坏臭氧层作用的氟利昂等，温室气体

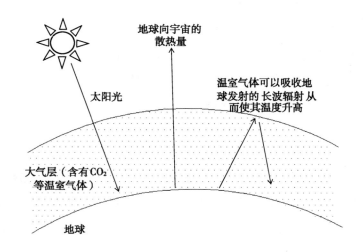

图1-3　地球温暖化的概念

（Greenhouse gas）主要成分随时间变化的曲线如图1-4所示。CO_2是温室效应气体中造成全球气候变暖的一个最主要的原因。据估计，全世界每年燃用约 $70 \times 10^8 t$ 燃料，产生 CO_2 $20 \times 10^8 t$，大气中 CO_2 浓度年增长率为 1.5×10^{-6}。CO_2 增长一倍，就会使低层大气年平均温度升高 $1.5 \sim 3 ℃$。由于我国能源构成中煤占70%以上，石油及天然气占25%，而能量利用率在30%以下。据2012年统计结果显示，我国已成为世界 CO_2 排出量（CO_2 emission）的最大国（表1-3）。因此，一个迫在眉睫的课题就是减少所有产业和生活中的 CO_2 排放量。在设施园艺中，要减少农药、化肥、园艺资材等消耗品使用，提高机器设备的运行效率，以减少 CO_2 排放量。

表1-3　世界主要国家耗能产生的 CO_2 排放量

国别	CO_2 排放量（亿 t）	国别	CO_2 排放量（亿 t）
中国	82.4	法国	3.5
日本	12.3	意大利	3.8

（续表）

国别	CO$_2$ 排放量（亿 t）	国别	CO$_2$ 排放量（亿 t）
韩国	6.0	俄罗斯	16.5
美国	50.7	伊朗	5.4
德国	7.6	印度	4.4
英国	4.4	南非	3.8
加拿大	5.4	印度尼西亚	19.7

资料：2014 IEA（CO$_2$ emissions from fuel combustion）

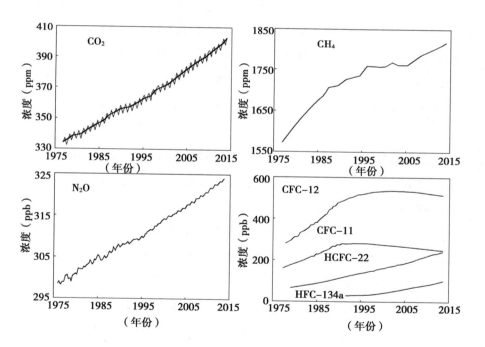

图1-4　温室气体主要成分随时间变化的曲线

第三节　热泵技术及其节能、减排效果

1. 能源和热源的分类

能源不仅要看数量，还要看质量，按质量可分为高位能（High potential energy）和低位能（Low potential energy）两种。在理论上，可以完全转化为功的能量，称为高位能，例如：电能、机械能、化学能等。只能部分转化为功的能量为低位能，如内能、低温的物质等。同样，热源也分为高位热源（High potential heat）和低位热源（Low potential energy）。高位热源指温度较高而能直接应用的热源，如蒸气、热水、燃气以及燃料化学能、生物能等。低位热源指不能直接应用的热源，如空气、水、地热、生活废热等。

2. 热泵的特点

设施园艺中常用的加温方式，如燃油机，是直接采用石油、煤、天然气等高热值能源做燃料来获得 100℃ 左右的低温介质，而把稍低于这一温度的大量余热释放到环境中，能源利用率低，浪费大。而热泵（Heat Pump）则是一种能充分利用低位热源，并能将低位热源的热能有效地转移到高位热源的装置（图 1 - 5）。

热泵不但可以制热还可以制冷，因此，已被广泛的应用到人们的生活中，比如空调、冰箱、热水机等。热泵的能量利用效率一般用成绩系数（Coefficient of performance，COP）表示。制热时利用的低位热源为 Q_l，其 COP 为 Q_h/Q_e，制冷时利用的低位热源为 Q_h，其 COP 为 Q_l/Q_e。可见，COP 值越大，热泵消耗的能源越少，耗能产生的温室气体排放量就会相应减少。

3. 热泵的节能效果

设施园艺中常用的几种供热方式及其能量利用效率（Energy

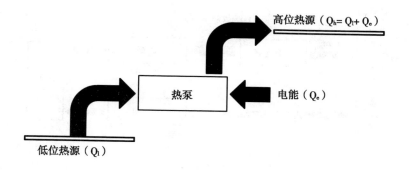

图 1-5　热泵的特点

use efficiency）如表 1-4 所示。下面以燃油机和热泵为例计算不同供热方式的耗能情况。与燃油机相比，热泵的节能（Energy saving）效果如图 1-6 所示。假设热泵的 COP 为 4，燃油机的效率为 80%，国内火力发电效率一般为 35% ~ 40%，假设为 40%，那么消耗同量的一次能源，热泵最终所能得到的高位热能是燃油机的 2 倍。

表 1-4　不同供热方式的能量利用效率

供热方式	燃油机	燃气机	电加热	热泵
性能系数	0.7 ~ 0.9	0.8 ~ 0.95	1.0	>2.8

4. 热泵的减排效果

同样，图 1-7 表示与燃油机相比，热泵在减少温室气体 CO_2 方面的效果。假设热泵的 COP 为 4，燃油机的效率为 80%，燃油时 CO_2 排放系数为 0.069kg/MJ，火力发电时 CO_2 排放系数为 0.11kg/MJ，那么得到同量高位热能，利用热泵技术可以减少约 68% 的 CO_2 排出量。并且随着发电厂利用的新能源的比例增大，COP 升高，利用热泵时 CO_2 的减排量也会越高。

设施园艺热泵技术及应用

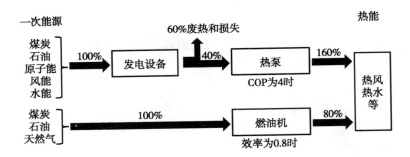

图 1-6　热泵节能效果试算

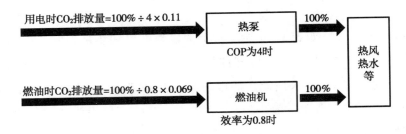

图 1-7　热泵减排效果试算

可见，热泵的应用可以带来良好的环境效益，在提高能源利用率的同时，减少对一次能源的需求，进而减少温室气体 CO_2 排放。

基础篇

第二章

热泵基本知识

第一节　热泵基本用语

热泵是全世界倍受关注的新能源技术之一，不同于消耗能量提高位能的机械设备－水泵，热泵是一种将低位热源的热能转移到高温热源的装置。水往低处流，热能也可以自发的、不耗能的从高温物体传递到低温物体，这是自然规律。然而在实际生活中，往往需用水泵将水从低处送到高处。同样，为了满足人们生活或生产需要，热泵被用于将低温物体中的热能传送到高温物体中以达到制冷或制热的目的。

而当我们描述热泵时常用到以下术语。

1. 低温热源（Low temperature heat source）

向热泵提供低温热能的热源，如空气、土壤、水等。

2. 高温热源（High temperature heat source）

接受热泵输送热能的热源，如空气、水等。

3. 低温载热介质（Low temperature heat – transfer medium）

将低温热能输送给热泵的介质。

4. 高温载热介质（High temperature heat – transfer medium）

将热泵释放的高温热能输送给热用户的介质。

5. 工质（Working fluid）

热泵运行中传送热量的介质。

6. 工作介质（Working medium）

低温载热介质、高温载热介质和工质统称为工作介质。

第二节　热力学基础

1. 工作介质的状态

热泵工作介质通常有 5 种状态：过冷液、饱和液、湿蒸气、饱和气和过热气。

（1）过冷（Supercool）液，介质处于液体状态的温度低于饱和温度（某压力下的沸点称为该压力下的饱和温度）时称为过冷液。

（2）饱和液（Saturated liquid），介质液体的温度等于饱和温度且刚有气泡产生时称为饱和液。

（3）湿蒸气（Humid air），介质液体的温度等于饱和温度且处于气液共存时称为湿蒸气。

（4）饱和气（Saturated air），介质蒸气的温度等于饱和温度且液体将要被气化完毕时称为饱和气。

（5）过热（Superheat）气，介质处于蒸气状态且其温度高于饱和温度时称为过热气。

2. 工作介质的状态参数

工作介质的状态参数是表征其热力学（Thermodynamics）状态的参数（表2-1）。与热泵相关的状态参数有：温度、压力、比容、内能、焓和熵。

表2-1 工作介质的主要状态参数

参数	英文表达	符号	单位	定义
温度	Temperature	T	℃	表示工作介质冷热程度的参数
压力	Pressure	P	Pa	单位面积上所受的力
比容	Specific volume	V	m^3/kg	单位质量工作介质的体积
内能	Internal energy	U	J/kg	工作介质分子动能和势能的总和
焓	Enthalpy	i	kJ/kg	单位质量工作介质能量总和
熵	Entropy	S	$J/(kg \cdot K)$	表征工作介质分子有序程度的参数
比热	Specific heat	C	$J/(kg \cdot K)$	单位质量工作介质温度升高10℃时所吸收的热量

3. 工作介质的状态方程

反映工作介质的状态参数（Status parameter）间存在内在的联系的方程，称为工作介质的状态方程（State equation）。利用状态方程可计算工作介质的各个热力学参数。理想气体（Ideal gas）状态方程是工程应用中常用的状态方程。

理想气体状态方程（又称理想气体定律或普适气体定律），是描述理想气体在处于平衡态时，压强、体积、质量、温度间关系的状态方程。它建立在玻义耳-马略特定律、查理定律、盖-吕萨克定律等经验定律上。其方程为：

$$pv = RT \text{ 或 } pV = mRT \qquad (2-1)$$

式中，

p：气体的压力（Pa）；

v：气体的比容（m^3/kg）；

R：气体常数（J/（kg·K）），对于干空气，$R = 287 J/（kg·K）$，

对于水蒸气 $R = 461\text{J}/（\text{kg}\cdot\text{K}）$；

V：气体的总容积（m^3）

T：气体的热力学温度（K）；

m：气体的总质量（kg）。

4. 工作介质的状态变化

一定质量气体的压力、体积、温度等发生变化后的状态称为气体的状态变化，一般包括等压变化、等容变化、等温变化和绝热变化等（平田哲夫等，2009）。

（1）等压变化（Isobaric change）

如图 2 – 1（a）和图 2 – 2（a）所示，工作介质从状态 A 到状态 B 的变化过程中压力保持不变，体积和温度成正比。等压变化中工作介质的换热量（Q）为：

$$Q = C_p（T_2 - T_1） \qquad (2-2)$$

式中，

C_p：等压时的比热容（J/（kg·K））。

（2）等容变化（Isochoric change）

如图 2 – 1（b）和图 2 – 2（b）所示，工作介质从状态 A 到状态 B 的变化过程中体积保持不变，压力和温度成正比。定容变化中工作介质的换热量为：

$$Q = C_v（T_2 - T_1） \qquad (2-3)$$

式中，

C_v：等容时的比热容（J/（kg·K））。

（3）等温变化（Isothermal change）

如图 2 – 1（c）和图 2 – 2（c）所示，工作介质从状态 A 到状态 B 的变化过程中温度保持不变，压力和体积成反比。定温变化中工作介质的换热量为：

$$Q = RTln(\frac{P_1}{P_2}) \qquad (2-4)$$

（4）绝热变化（Adiabatic change）

如图 2-1（d）和图 2-2（d）所示，工作介质从状态 A 到状态 B 的变化过程中与外界无热量交换，绝热过程中温度、压力和体积之间的关系为：

$$\frac{T_1}{T_2} = \left(\frac{v_2}{v_1}\right)^{k-1} \qquad (2-5)$$

$$\frac{P_1}{P_2} = \left(\frac{v_2}{v_1}\right)^{k} \qquad (2-6)$$

$$k = C_p/C_v \qquad (2-7)$$

工作介质在绝热变化中的做功量为：

$$w = \frac{k}{k-1}R(t_1 - T_2) \qquad (2-8)$$

设施园艺热泵技术及应用

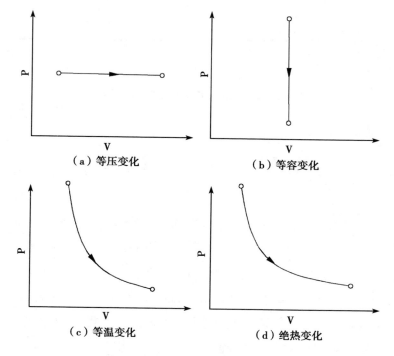

（a）等压变化　　　　　　　　（b）等容变化

（c）等温变化　　　　　　　　（d）绝热变化

图 2-1　工质在压焓图上的状态变化

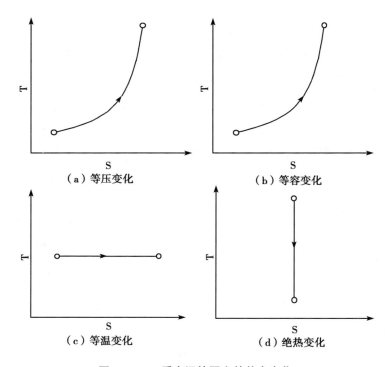

（a）等压变化　　　　　　　（b）等容变化

（c）等温变化　　　　　　　（d）绝热变化

图 2－2　工质在温熵图上的状态变化

第三节　热泵发展历史

　　热泵的理论基础可追溯到 1824 年关于热－功转换概念即卡诺循环的发表，从而奠定了热泵研究的基础。英国物理学家焦耳（L. Kelvin）论证了气体的压力变化能引起温度变化的原理。1852 年，英国威廉汤姆逊（Willian Thomson），后来改名为开尔文（J. Kelvin）指出制冷装置也可用于制热，首先提出热泵的构想。由于热泵加热所消耗的能源远小于直接加热装置，因此又被称为热量培增器。

热泵的工作原理虽然与制冷机相同，但热泵的发展却远不如制冷机那么顺利。由于制冷机是人工制冷的唯一途径，至 19 世纪 70 年代，制冷技术和设备得到迅速发展。而加热由于可以通过多种比热泵更简单、更方便且价格低廉的途径实现，在很长一段时间内，热泵的发展历史几乎空白。与制冷机相比，热泵的发展受制于能源价格与技术条件。当世界范围内出现能源短缺，在寻求采暖节能措施时，热泵的发展才又出现了崭新的契机。

20 世纪 20 年代初期，克劳斯和摩尔利在汤姆逊论文的基础上对热泵理论进行了重新论述，并进一步加以完善，虽然当时还没有像现在这样的热泵，但还是可以从已经安装的制冷设备性能分析中研究热泵的可行性。1930 年，霍尔丹（Holdane）介绍了安装在苏格兰的家用热泵，工质为氮，用热泵吸收环境空气的热量来为室内采暖和提供热水，这一装置被认为是现代蒸气压缩式热泵的真正原型。

20 世纪 40 年代后期，出现了许多具有代表性的热泵设计。典型应用实例如表 2-2 所示。

表 2-2　热泵典型应用实例

（陈东和谢继红，2006，略修改）

年份	地点	低温热源	制热量（kW）	应用
1938	瑞士苏黎士	河水	175	供热
1939	瑞士苏黎士	空气	58	制冷
1941	瑞士苏黎士	河水、废水	1 500	游泳池加热
1943	瑞士苏黎士	河水	1 750	供热
1944	阿根塔尔	地窖热	140	供热与制冷
1945	英国诺里季电力公司	湖水	120~240	供暖
1952	英国电气研究协会	污水	25	

至 1998 年，全世界已安装运行的热泵超过 5 500 万台。除住宅用热泵外，世界已有 7 000 台工业热泵近 400 套区域集中供热系统。

设施园艺热泵技术及应用

21

全世界的供热需求量中由热泵提供的近2%。

1. 国际热泵发展历史

20世纪30年代，世界范围的经济困难给欧洲热泵的发展带来了必要的刺激。到1943年，大型热泵的数量在欧洲已相当可观。当时，热泵可能的应用范围包括热泵蒸发、工业废热回收、以空气或水为热源的环流供热装置等。欧洲第一个大型热泵采暖装置建于1938—1939年，安装在瑞士苏黎士议会大厦，压缩机用离心式，工质为R12，以河水为热源，输出的功率达175kW。到1940年美国已安装了15台大型商用热泵，并且大都以井水为热源。

20世纪40年代末，美国意识到如果能生产出整体式热泵设备，那么热泵的销售便大有前途，因此，美国积极开展了小型热泵的开发工作。按此方针开发的小型热泵1950年大批投放市场，其中可逆式空气-空气热泵型空调被认为是既可供热又可制冷的空调设备。但由于产品价格高和运行可靠性低，影响了热泵的声誉，以致这种热泵的生产和销售受阻。直到60年代后期，经过大量的应用研究和实践之后，热泵开始在世界各地推广应用。70年代初期的世界能源危机，加深了人们对节能重要性的认识，热泵技术得以迅速发展。

日本的热泵试验始于1930年，当时热泵是用进口的部件组装的。第二次世界大战中停止了热泵的研究。战后食品十分短缺，尤其是食盐，发展了从海水中制盐的电力热泵。20世纪60年代，日本工业的发展造成大城市空气污染严重，政府颁发了一些强制性环保法规，促进了热泵的发展。1973年石油危机对能源短缺的日本影响很大，在政府政策的鼓励下，设计人员致力于节能建筑和高效系统的设计，大大促进了各型热泵的发展。

20世纪80年代后期，热泵的年产量逐年增高。80年代末，在政府的资助下，开展了高性能的超级热泵项目研究，进一步促进了日本热泵的快速发展。

美国是应用热泵最广泛的国家，从 1925 年开始，年产热泵 1 000 台。先用于工业，随后大量进入家庭，1963 年产量达 75 000 台，1971 年为 82 000 台，1976 年超过 30 万台，1986 年达到 100 万台。日本热泵的应用仅次于美国，1984 年估计销售 175 万台，到 1986 年，销售量已经超过 200 万台。据估计，1984 年，日本家用热泵的持有量已经超过 475 万台。

西欧诸国在 20 世纪 80 年代开始迅速发展热泵，西德在 1980 年安装有 55 000 台，1987 年则发展到 24 万台，奥地利安装了 50 000 台，瑞典有 13 万台，其中大型供暖热泵 100 台，制热量超过 1 000MW，丹麦 8 000 台，挪威 6 000 台，澳大利亚也安装有 8 000 台。1986 年，罗马尼亚已经有 25 台单机容量在 2 900 ~ 5 800kW 的大型吸收式热泵。

2. 我国热泵的发展历史

我国在 20 世纪 50 年代初期就开始了热泵的研究。60 年代曾在铁路客车上进行过热泵采暖试验。然而，由于我国工业基础薄弱及能源价格的特殊性，以及其他一些因素的影响，热泵应用推广较困难。20 世纪 70 年代的石油危机和 70 年代末期我国经济有了较大发展，随着经济的开放和人民生活水平的提高，国内学者和工程技术人员复又对热泵的开发应用产生兴趣，制冷空调和电加热器开始进入市场。在相当一个时期内我国能源开发将不能充分满足工农业生产与人民生活的需要，节能呼声日高，为热泵的发展创造了条件。20 世纪 90 年代，基本上与世界上热泵的发展趋于同步。此外，我国在能源利用方面比较落后，因此，热泵在我国更应受到重视。

据统计，目前全国已经有 400 多家企业研发和生产热泵热水器。但是由于热泵成本构架的原因，以及往往不能规模化生产的现状，价格较高，同时，热泵虽然没有像太阳能热水器那样靠天吃饭依懒性强和建筑布置上的困难，但目前生产的热泵机组往往不能在室外温度低于零下 10℃ 的环境下正常运行，因此，这种产品进入北方市场还有一定的困难或者说需要更多地技术投入。当然，如能将太阳能技术和热泵技术结合在一起，则这种节能环保型热泵将有更广阔的前景，2008年北京奥运会的奥运村和奥运场馆所需的生活热水，大都由清洁无污染的太阳能并辅以热泵技术的系统供给。

第四节　热泵分类

热泵按照其用途、工作原理、驱动能源、制热温度、载热介质等可进行多种分类。下面分别介绍一下热泵的分类及其特点。

1. 按热泵的用途分类

根据热泵的用途可分为家庭用（Home use）和商业用（Commercial use）两种，家庭用的热泵一般被称为空调（Air conditioner），功率一般在2.2~5.0kW。冷媒介质一般用R410A。商业用主要指用在店铺、办公室、工厂等。商业用热泵的功率较家庭用大，一般店铺和办公室用的功率为4~28kW，工厂等用的功率范围较广，可为12~280kW。家用热泵的种类分很多种，其中常见的有挂壁式空调、立柜式空调、窗式空调和吊顶式空调等（图2-3）。

2. 按热泵的功能分类

根据热泵功能，可以分为单冷式和冷暖式。单冷式热泵不具有制热功能，适用于夏天较热或冬天有充足暖气供应的地区。冷暖式热泵具有制热功能。

3. 按热泵的制热方式分类

根据热泵制热方式可分为热泵式和电辅助加热式。热泵式适用于夏季炎热、冬季较冷的地区。电辅助加热式加了电辅助加热部件，适用于夏季炎热，冬季寒冷的地区，以保证在超低温环境下（如-10℃）也能制热（出风口温度40℃以上）。

挂壁式

立柜式

吊顶式

窗式

图 2 - 3　家用热泵的种类

4. 按热泵的工作原理分类

按热泵的工作原理可分为蒸气压缩式热泵（Vapor compression heat pump）、吸收式热泵（Absorption heat pump）、化学热泵（Chemical heat pump）、蒸气喷射式热泵（Steam jet heat pump）、热电热泵（Thermoelectricity heat pump）等。

5. 按热泵驱动能源分类

按热泵驱动能源种类可分为电动热泵（EHP：electric heat pump）、燃气（GHP：gas heat pump，天然气、煤气、沼气等）热泵、燃油（KHP：kerosene heat pump 柴油、气油、重油等）热泵、蒸气或热水（WHP：water heat pump，可由太阳能、地热能、生物质能等可再生能源产生）热泵等。

设施园艺热泵技术及应用

25

6. 按目标温度分类

按照室内机设定的目标温度可分为低温（小于10℃）、常温（10～40℃）、中温（40～100℃）、高温热泵（高于100℃）。

7. 按载热介质分类

按低温载热介质－高温载热介质可分为空气－空气热泵（Air－air heat pump）、空气－水热泵（Air－water heat pump）、水－水热泵（Water－water heat pump）、水－空气热泵（Water－air heat pump）、土壤－水热泵（Ground－water heat pump）、土壤－空气热泵（Ground－air heat pump）。

空气－空气热泵是最普通的热泵形式，已经被广泛的用于住宅和商业中。系统中，一个换热盘管为蒸发器，另一个为冷凝器。在制热循环时，室外空气流过蒸发器，而室内空气流过冷凝器。制冷循环时，四通阀将工质流向改变，此时室外空气流过冷凝器，而室内空气流过蒸发器（图2－4）。

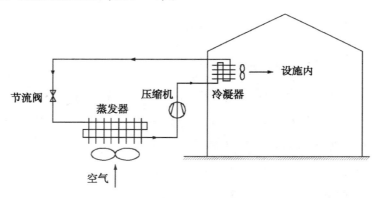

图2－4　空气－空气热泵加温系统

空气－水热泵与空气－空气热泵的区别在于供热（冷）侧采用热泵工质－水换热器。制热循环时，水换热器内供热水进行加温。制冷循环时，同样利用四通阀将工质流向改变，水换热器内供冷水进行降温（图2－5）。

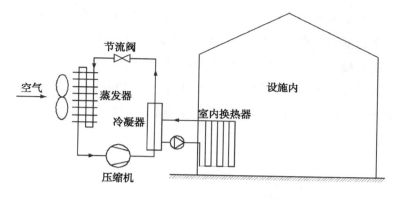

图 2-5　空气-水热泵加温系统

水-水热泵无论是制热还是制冷运行，均以水作为供热（冷）的介质。水-空气热泵的热源（冷源）为水，用作供热（冷）的介质为空气。制冷与制热的切换可通过改变工质回路实现，也可以通过三通阀来实现。水质较好的情况下，可直接用水作为蒸发器（冷凝器）的制冷或制热介质。若水质较差，则应采用中间换热器来实现热交换（图 2-6）。

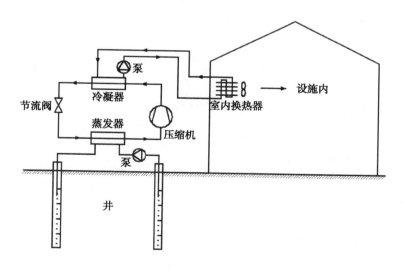

图 2-6　水-水热泵加温系统

设施园艺热泵技术及应用

　　土壤－水和土壤－空气热泵是利用土壤作为热源或冷源。一般将水平、垂直或盘形管埋入土壤中，通过水冷换热器实现水与工质的热量交换。土壤换热器的热交换效果，与砂土类型、含湿量、成分、密度等有关，还要预防地下水对盘管等材料的腐蚀作用，以免影响换热器的传热效果和使用寿命（图2－7和图2－8）。

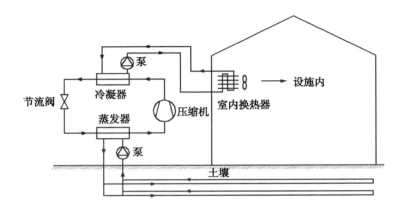

图2－7　土壤－水热泵（浅层埋管）加温系统

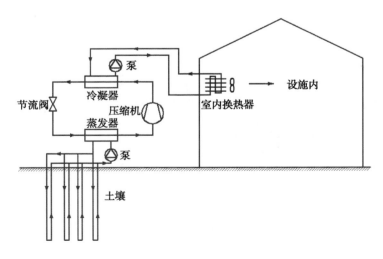

图2－8　土壤－水热泵（垂直埋管）加温系统

第五节　热泵工作原理

　　若想高效合理的利用热泵，必须清楚它的工作原理（Work principle），本书将重点介绍设施园艺中常用的蒸气压缩式热泵。蒸气压缩式热泵一般由四部分组成：压缩机（Compressor）、冷凝器（Condenser）、节流阀（Throttling valve）或膨胀阀（Expansion valve）、蒸发器（Evaporator）。其工作过程为：低温低压的液态工质（如氟利昂），首先在蒸发器（如空调室内机）内与低温热源（如常温空气）发生热量交换，从低温热源吸热并气化成低压蒸气。然后低压蒸气在压缩机内被压缩成高温高压的蒸气，该高温高压气态工质在冷凝器内液化放热，凝结成高压液体。再经节流元件（毛细管、热力膨胀阀、电子膨胀阀等）节流成低温低压液态工质进入蒸发器，如此就完成一个循环（图 2 - 9）。

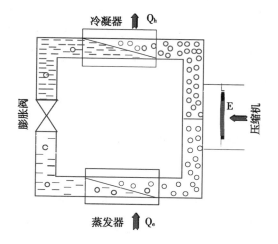

图 2 - 9　热泵工作原理

　　为了促进热量交换，提高热泵工作效率，一般会在蒸发器和冷凝器上配置风扇。室内机风扇的利用还可以增大室内气流速度，使室内温湿度等环境因子空间分布更均匀。

　　热泵的四大组成部分之间使用冷媒管连接，连接蒸发器与冷凝器的冷媒管越短，热泵的能效越高，一般不超过十几米为宜。热泵在设施（如温室）内利用时，室内机与室外机的距离很短，更有利于热量的传导。

　　如第一章第二节中热泵的特点中所述，热泵的能量利用效率可用性能系数（COP）来评价。我国热泵的性能系数一般为 2~4，即热泵能够将自身所需能量的 2~4 倍的热能从低温物体传送到高温物体。所以说热泵实质上是一种热量提升装置，运行时消耗一部分能量，却能从低温介质（水、空气、土壤等）中提取 2~4 倍热能的装置，这即是热泵节能的原因。近年，欧美日等都在竞相开发新型的热泵。据报导新型热泵的性能系数可 6~8，这意味着能源可以得到更有效的利用。

　　热泵的能量利用效率还可用年性能系数（Annual performance factor，APF）来评价。APF 是表示热泵全年用于加温和降温的性能系数指标，更能反应热泵的能耗情况。一些国家在行业内已经用 APF 取代了 COP 作为热泵的性能系数指标。目前市场上热泵的 APF 可以达到 6 以上。

第六节　热力学基本定律

　　能量的传递与转化过程都必须遵循热力学第一定律和热力学第二定律，热力学第一定律说明了能量传递与转化过程中的数量关系。而热力学第二定律则指明了能量自发过程的方向性与某些过程的不可逆性。

1. 热力学第一定律（First law of thermodynamics）

热力学第一定律也是能量守恒定律，即一个热力学系统的内能增量等于外界向它传递的热量与外界对它做功的总和。也就是说机械能、电能、内能等不同能量之间的转化满足守恒关系。能量守恒定律是自然界的一个普遍的基本规律，是能量守恒与转换定律在热现象上的应用，他指明了热量的传递与转化过程中的数量关系。

2. 热力学第二定律（Second law of thermodynamics）

热力学第二定律表明了自然界一切过程都具有方向性，正如克劳休斯（Clousuis）提出的热能可以自发地从高温物体传递到低温物体，但不可能自发地从低温物体传递到高温物体而不引起其他变化。即热能不可能自发地、不付代价地、自动地从低温物体转移到高温物体。

按开尔文－浦朗克（Keluin－Plank）的说法，不可能从单一热源吸取热量，并将这热量完全变为功，而不产生其他影响，即单一热源的热机是不存在的。由此可见，热量的传递与转化是有条件的，并且热能不能全部变为机械能，是有限的。

第七节　热泵理论循环

热泵的作用是从周围环境的中吸取热量，并把它传递给高温热源，工作原理是按热机的逆循环进行的，遵循热力学第二定律，即当以高位能作补偿条件时，热量是可以从低温物体转移到高温物体的。

1. 逆卡诺循环

最理想的热泵循环是逆卡诺循环（Reverse Carnot cycle），逆卡诺循环是只有高温热源和低温热源的简单循环，工作介质只与两个热源交换热量，所以逆卡诺循环由两个可逆的绝热过程和两个可逆的等温过程组成（图2-10）。

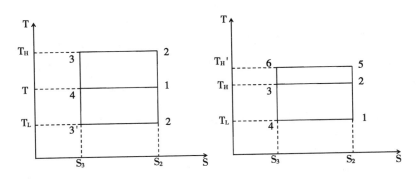

图2-10　逆卡诺循环温熵图

图2-10中1→2→3→4为逆卡诺制热循环，其中，2-3等温过程是放热过程，假设放出热量为Q_2，4→1等温过程是吸热过程，吸收热量为Q_1，循环过程消耗的功为W，根据热力学第一定律，$Q_2 = Q_1 + W$，可逆过程1→2和3→4熵不变因为整个循环过程是可逆循环，总熵保持不变。当热泵兼具有制冷功能时，2′→1-4→3′逆卡诺制冷循环。由热力学第二定律可知，逆卡诺热泵循具有最大的制热/制冷性能系数（COP）。

$$COP = \frac{Q_1 + W}{W} = 1 + \frac{Q_1}{W} \qquad (2-9)$$

当高温热源的温度升高，由图可知，循环耗功增加了△W，热泵的制热量也增加了△W，此时的制热性能系数（COP′）为：

$$COP' = \frac{Q_1 + W + \Delta W}{W + \Delta W} = + \frac{Q_1}{W + \Delta W} \qquad (2-10)$$

由以上可知，热泵的制热性能系数随着高温热源的温度升高而降低。同样可以证明，热泵的制热性能系数随着低温热源的温度下降而降低。

以上的理论循环是假设工质放热时的温度与高温热源温度相

同，吸热时的温度与低温热源相同，即传热的温差无限小。无限小的传热温差要求有无限大的传热面积，但这在实际上是不可能的。

2. 蒸气压缩循环

在设施园艺中，最常见的是采用蒸气压缩循环（Vapor compression cycle）。蒸气压缩理论循环与逆卡诺循环相同，同样也有两个等温传热过程。值得注意的是纯物质在定压的纯相变过程中，温度保持不变，因此，可以实现等温传热过程。

图 2-11 表示蒸气压缩循环的温熵图和压焓图（蒋能照等，2008）。状态 5 的湿蒸气进入蒸发器，在其中吸热气化至干饱和蒸气状态 1，在蒸发过程中，工质的压力和温度均保持不变。状态 1 的干饱和蒸气经压缩机被等熵压缩至过热蒸气状态 2。蒸气压缩后温度和压力均提高。然后进入冷凝器，向高温热源排出热能而被凝结至饱和液体状态 4。2→4 过程为定压放热过程。最后，状态 4 的饱和液体通过节流阀节流降压，恢复至状态 5。在整个过程中，只有节流过程是不可逆的，节流前后工质的压力和温度均下降，而焓值保持不变。

设施园艺热泵技术及应用

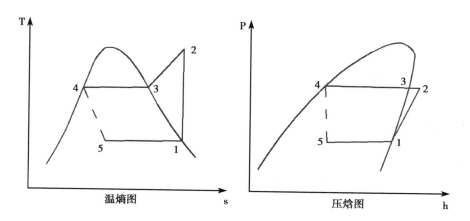

图 2-11　蒸气压缩热泵基本循环的温熵和压焓图

第三章

蒸气压缩式热泵

本章以蒸气压缩式热泵为例，重点介绍一下热泵的组成、工质的种类及其特性、热泵热源及其驱动能源等。

第一节 热泵基本构成

蒸气压缩式热泵基本组成部分一般包括压缩机、冷凝器、节流阀（膨胀阀）、蒸发器、管道、四通阀及循环工质等（图3-1）。

1. 压缩机

压缩机是蒸气压缩式热泵的核心部分，在循环系统中起着压缩和输送循环工质从低温低压处到高温高压处的作用。

2. 冷凝器

冷凝器是输出热量的部分。高温高压气态工质在冷凝器内液化放热，凝结成高压液体。从蒸发器中吸收的热量和压缩机所消耗的热量在冷凝器中通过风机输送到被加热侧，以达到制热目的。

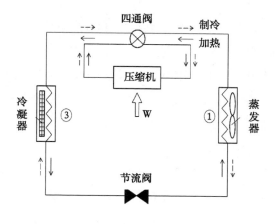

图 3-1　热泵基本构成

3. 节流阀

对循环工质起到节流降压的作用，并对进入蒸发器循环工质的流量进行调节。

4. 蒸发器

蒸发器是输出冷量的部分。低温低压的循环工质在蒸发器内从低温热源吸收热量气化成低压蒸气，从而达到制冷的目的。

第二节　热泵的工质

热泵工质（Refrigerant）是在热泵装置中进行状态变化的工作物质。工质的性质直接影响热泵装置的性能、安全和经济性等。工质对热泵的设计和运行调控具有重要影响，为了根据热泵的特点合理地选择工质，使热泵装置能经济、安全的运行，充分了解工质的性能是非常必要的。

热泵工质的种类很多，选择工质时首先考虑的是物质的沸点、

设施园艺热泵技术及应用

温度和压力之间的关系，以保证在实际工作温度范围内传递热量，即要满足以下要求（陈东和谢继红，2006；徐邦裕等，2008）。

（1）较高的相变吸放热量，循环过程中有较大的吸放热能力，在同样制热量的情况下，以减少压缩机的尺寸和工质循环次数。

（2）较好的传热和流动性，具有较高的热导率和低的表面张力，传热效果好，以减少换热器的面积。

（3）适宜的标准沸点和临界点，蒸发温度时的饱和压力应略高于大气压，防止空气和水蒸气可能漏入热泵装置，以免降低装置的制热能力，增加功耗，给热泵运行带来不良影响。冷凝温度时的饱和压力不要太高。一般热泵运行中，冷凝压力最高不超过 2.5mPa。临界温度应高于最大冷凝温度，以减少节流损失，避免降低制热系数。

（4）饱和蒸气比焓随饱和压力的变化要小，以避免排气温度过高，减少过热损失。

（5）较小的液体比热，以降低节流损失。

（6）较小的密度和粘度，以减少工质在系统中流动阻力，或可采用较小的管路，而不致造成过多的压力损失。

（7）良好的化学稳定性和热稳定性，在高温下不分解，不与机组材料发生作用，与润滑油有良好的互溶性，保证热泵长期稳定运行。

（8）环境友好，近年随着环境保护的加强，应尽量避免使用对臭氧层具有破坏功能和产生温室效应潜能的工质。

（9）工质应易获得，价格低，安全性好，无毒无害。

第三节　工质的种类和选择

热泵工质可分为：①饱和烷衍生物（HCFCs），如 R22，R141b

等，对环境有一定的破坏作用，但成本较低。②碳氢化合物（HCs），如丙烷、丁烷等，环境友好型工质，效率高，但可燃可爆。③饱和烷类氟化物（HFCs），如 R134a 等，环境友好型工质，但会产生温室效应。④氯氟类（CFCs），如 R11、R114 等。⑤天然工质，如 CO_2、H_2O、空气等，自然存在的且对环境无害。⑥混合工质（Mix refrigerant）是两种或两种以上工质按一定比例进行组合以避免纯工质的缺点，获得综合性能优良的热泵工质，提高热泵工质的热力性质和改善运行条件。混合热泵工质比一般工质具有一些显著的优点，如能减少换热设备的不可逆热损失，改善工质的性质，改善运行特性和有可能由冷凝器获得高温的热能。而冷凝压力又不太高，以满足热泵装置的需要。混合工质可分为两类：一类是共沸混合工质（Azeotropic refrigerant mixture），一类是非共沸混合工质（Non – Azeotropic refrigerant mixture）。他们本质上的区别是在饱和状态下气液两相的组成成分是否相同，相同的属于共沸混合工质，不相同的属于非共沸混合工质。

目前，国际上常见的几种用于热泵的工质如表 3 – 1 所示。从环保的角度考虑，R11 和 R22 已不适宜做热泵工质，在此仅作对比用。

设施园艺热泵技术及应用

表 3 – 1　常用热泵工质性质

（徐邦裕等，2008，略修）

工质	分子式	温度（℃）		压力（bar）		标准大气压下		临界	
		蒸发	冷凝	蒸发	冷凝	沸点	气化潜热	温度	压力
R11	$CFCl_3$	25	80	1.03	5.39	23.77	754.63	198.5	44.09
R12	CF_2Cl_3	25	80	6.47	22.75	−29.8	692.24	112.0	41.15
R13	CCl_2F_3	—	—	—	—	−81.4	—	28.8	39.5
R21	$CHFCl_2$	25	100	1.79	8.24	8.92	1 014.04	178.5	52.0
R114	$C_2F_4Cl_2$	25	80	2.14	9.32	3.77	573.59	145.7	32.8
R22	CHF_2Cl	1	35	5.15	13.53	−40.8	978.04	96.0	49.0

表3-2列出了几种重要的热泵工质的性能系数、单位容积制热能力、压缩比、最高压力和最高排气温度。热泵工况为：蒸发温度为0℃，冷凝温度为60℃，吸气状态为饱和状态压缩终点位于饱和线上。由表3-2可知，热泵工质的选择对制热性能系数影响不大。

表3-2　常用热泵工质比较

(大隅和男，1999，修改)

工质	性能系数	单位容积制热能力（kJ/m³）	压缩比	最高压力（bar）
R11	4.8	423.25	7.66	3.16
R12	4.2	2 151.3	4.96	15.37
R21	5.1	—	5.95	—
R22	4.1	3 624.4	4.85	24.15
R113	5.1	—	8.02	—
R114	4.2	723.1	6.33	5.82
R717	4.82	4 166.7	6.09	26.14

第四节　热泵的低温热源

容量大且温度合适的低温热源是热泵高效运行的基础。热泵低温热源的种类很多，如空气、水、土壤和太阳能等。低温热源的基本特性如表3-3所示。

表3-3　低温热源的基本特性

低温热源种类	空气	地下水	海水	工业废水	土壤	太阳能
温度范围（℃）	-15~35	0~30	0~30	10~60	0~12	10~80
气候影响	大	小	较小	小	较小	较大
地域影响	大	较小	较小	小	较小	较大
易获得性	容易	较易	不易	不易	容易	容易

在选择低温热源时，除了要遵守因地制宜的原则外，还要考虑以下要求：

第一，易取得性。应考虑到热源来源的持续性和广泛性。

第二，较高温度。热源温度的高低直接关系到热泵运行性能系数，热泵目标温度与热源温度之间温差越小，其理论运行性能系数越大。

第三，热源的载体应尽量洁净、无杂质。

第四，热源的载体对热泵所采用的蒸发器的金属材料及管路应无腐蚀作用或尽量弱的腐蚀作用。

第五，输送热量载体的动力消耗要尽可能小，以减少输送费用和提高系统制热性能系数。

1. 空气

空气作为热泵低温热源的优点是取之不尽，用之不竭，可以无偿的获取，空气源热泵的安装与使用也比较方便。由于空气是干空气和水蒸气的混合物，其具体特性见第5章，因此，以空气为低温热源的热泵具有以下缺点。

（1）空气的状态参数受地区和季节的影响很大，进而影响热泵的容量和性能系数，造成当室外温度很低，制热负荷很大时，热泵的制热能力下降，性能系数降低。

（2）室外温度很低时，室外换热器中工质的蒸发温度很低，当室外换热器表面温度低于0℃，且低于空气露点温度时，空气中的水分在换热器表面会凝结成霜，热泵的制热性能系数和可靠性都会降低。随着结霜量的增加，蒸发器传热热阻增大，空气通过蒸发器的阻力也增加，通过蒸发器的风量减少，导致蒸发器的吸热量减少，致使热泵的供热量及性能系数下降。如不及时清除霜，结霜量会越来越多，有可能致使蒸发器的空气通道堵塞，热泵不能正常供热。

（3）空气的热容量小，为了获得足够的热量，需要较大的空气量，因而使风机的容量增大。

2. 水

水的热容量大，传热性能好，水温较稳定，一般以水为低温热源的热泵运行较稳定。可作为热泵低温热源的水有地表水（河水、湖水、海水等），地下水（深井水、地下热水等），生活废水和工业废水等。但是利用水源的缺点是必须靠近水源或设有一定的蓄水装置。另外，热泵设备对水质也有一定要求，以免排水管跟换热设备被堵塞或腐蚀。

与空气相比，水可以算是高品位热源，不存在结霜问题，冬季也较稳定，除了严寒季节，水温一般不会低于4℃，地下水和生活或工业废水的温度会更高，可以达到20℃以上。因此，水作为热泵的低温热源可以获得较好的经济效果。

3. 土壤

土壤如空气一样取材方便，而其温度变化不大，换热器基本也不需要除霜，另外，由于地面水的流动和太阳辐射使土壤蓄有无穷的热能。因此，土壤也被认为是热泵的一种较好的低温热源，土壤中可提取的热量一般为25 W/m^2。尽管如此，以土壤为低温热源的热泵应用还是受到一定的限制，其原因是占地面积大，施工耗时耗力，成本高等。

土壤的性质随季节和地区的变化较大，土壤的含湿量和密度对其热力参数影响很大，不同土壤对热泵性能的影响还有待进一步研究。一般同地区土壤的温度相对稳定。深层土壤的温度也相对稳定，随季节变化较小，如地下10m处土壤的温度基本不受季节影响，相当于该地区的全年平均气温。但是为了减少施工的难度，降低成本，换热盘管一般在地下1~2m左右，而此处的土壤温度受当地气温的影响较大。

4. 太阳能

太阳能是地球上一切能量的来源，是取之不尽，用之不竭的洁净能源。地球每年接收到的热量约为 $5.6 \times 10^{19} MJ$。我国约有 2/3 面积的年日照时数大于 2 000h，各地年辐射总量约为 3 349 ~ 8 374MJ/m² · 年。

太阳辐射有昼夜、季节的规律变化，且受天气的影响，太阳能量稳定性差。因此，想要利用太阳能就必须解决其不稳定性，比如设置蓄热装置。蓄热装置是太阳能辅助热泵的重要组成部分。蓄热装置一般包括集热器和蓄热槽，集热器的性能和成本对整个系统的成败起着决定作用。太阳能热泵的性能参数与集热器的面积直接相关，制热负荷较大时，就需要较大的集热面积，投入成本增加。同时，由于集热面积与散热面积相等，集热器的效率随集热温度的增加会急剧降低。

目前，太阳能一般只作为热泵的辅助能源。虽然现阶段太阳能热泵在效率和经济性方面不具有优势，但从能源现状和洁净能源的开发利用趋势方面来说，太阳能热泵具有很大的应用前景。

第五节　热泵驱动能源

热泵可用各种发动机来驱动，常见的有电动机、燃料发动机（柴油机、气油机等）或外燃机（锅炉等）。目前，一般的小型热泵和大部分大型热泵的驱动装置仍然以电动机为主，因此驱动能源（Drive energy）主要以电能为主。电能通常是由其他一次能源转变而来的，对于具有同样制热性能系数的热泵，所采用的驱动电源直接影响其节能性。其节能效果可以用能源利用系数来评价，即供热量与消耗的一次能源之比。

由图 3 - 2 可知，由一次能源驱动热泵的能源利用系数比电能驱动热泵高。尽管如此，由于一次能源驱动装置的设备价格高、可

设施园艺热泵技术及应用

靠性差、维修量大、有噪音、污染大等原因，尚不能与电力驱动相匹敌。

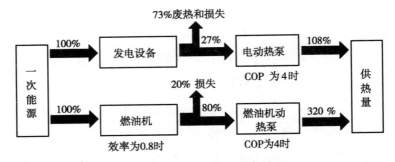

图 3 - 2 一次能源驱动的热泵与电能驱动热泵的能源利用效率

第四章

设施园艺用热泵构成与特点

　　近几年，随着设施园艺综合环境控制技术要求的提高，市场上出现了设施园艺专用型热泵。实际上，在20世纪70年代就已有热泵用于花卉温室加温的先例（Kozai，1986），之后也有直接利用商铺或办公室用热泵进行温室加温的例子（图4-1）。2007年，为了使热泵能在设施园艺中高效运行，针对设施内环境条件，有公司将热泵的室内机进行相应改造。2008年，设施园艺专用型热泵已开始出售。

　　与家用、办公室用和商用等热泵相比，设施园艺专用型热泵有以下特点：①设定温度范围更大，一般热泵的设定温度为18℃，而设施专用热泵设定温度范围为10～30℃，以满足不同植物对环境温度的要求；②室内机耐湿性更强，由于植物蒸腾作用使室内湿度增大，因此，要相应增强设施用热泵室内机的耐湿性；③室内风机的风量和风压增大，由于设施面积较大，而环境空气温度是影响植物生长主要环境因子之一，为了尽量减少室内温差，需要加大热泵风量，还要注意热泵风向，使热泵在制冷和加热时，尽量减少垂直方向的温差；④热泵的可控性要强，植物生长一般需要进行变温管理，并且可做到温度的精确控制。⑤可以进行水洗，以保证热泵的运行效率。表 4 - 1 列出了设施园艺用热泵系统的构成特点。

图 4 - 1   办公室和商用热泵在温室中应用

表 4 - 1   热泵系统构成

项目	种类
驱动方式	以电能为主
热源	空气、水（地下水、河川水和工业、生活废水）、太阳能等
热供给方式	温风或温水
蓄热槽	有的需要
目的	加温、降温和除湿

第一节   热泵驱动方式

设施园艺用热泵的驱动方式一般以电能为主，也有用机械能驱动的。与机械能驱动相比，电能驱动的装置费和安装费较低，但必须保证稳定电能供给。机械能驱动多以燃气（天然气）或燃油（煤油、柴油）为主，在严寒地带或电力不足的地方可以考虑使用机械能驱动热泵，加温时，燃油或燃气产生的废热还可以回收再利用，从而提高能源利用效率（图4-2）。电能驱动和机械能驱动热泵运行的经济性评价决定于当前电和燃料的价格，以目前价格计算，前者经济性更好。

图4-2　燃油机在温室中应用

第二节　热　源

设施园艺用热泵的热源以空气和水为主，也可以用太阳能作为辅助能源（图4-3）。以空气、水和太阳能作为热泵热源的优缺点如第三章各节所述。空气作为热泵热源最大弊端就是当环境温度很低时，室外蒸发器的表面就会结霜，热泵除霜时运行模式会自动切换到制冷状态，从而降低热泵性能系数，如果除霜时间过长还会降低室内温度。

最近在严寒地区也出现了利用地下热能（地下50~100m的地温在15℃前后）的热泵。

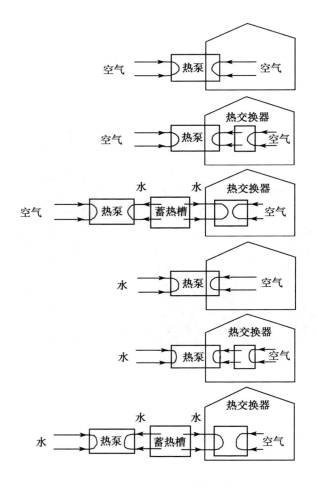

图 4 - 3　热泵系统在温室内利用形式

第三节　热供给方式

设施园艺用热泵主要是以热风或热水的方式进行室内供热。当热泵用于室内降温时供给的是冷风或冷水。如图 4 - 3 所示，在采取热水（冷水）的方式时，室内还应安装热交换器。

第四节　蓄热槽

空气、太阳能等热源的温度是周期性或间歇性变化的，难以提供稳定的热量，故可利用蓄热装置储存低峰负荷时的多余热量以提供高峰负荷热量不足时使用。蓄热槽的利用使热泵既可能在高效率下运行，又可减少热泵装置的容量，从而提高热泵运行的稳定性和经济性。可以根据热泵需要设置蓄热槽，蓄热媒体一般有水、潜热蓄热材料和土壤等。

第五节　利用形式

热泵的利用形式包括加温专用、降温专用、除湿专用和加温降温用等。为了满足植物生长需要，温室里用的较多的为加温降温（除湿）的多功能热泵。

第六节　空气源热泵利用的制约条件及其解决对策

1. 设施环境条件对热泵性能系数影响

空气源热泵的性能系数受室内外环境条件影响很大，如图4-4所示。当热泵用于加温，室内温度控制在目标温度时，热泵性能系数随室外温度升高而增大（Tong et al.，2010）。热泵用于设施加温时其室外机为蒸发器，在蒸发器中，低温低压的液态工质与环境空气发生热量交换，从空气中吸热并气化成低压蒸气。当室外温度较高时，单次循环工质可以从环境空气中获得更多的热量，热泵的制热能力增大，也可以说，热泵消耗同样能量可以从环境中提取更多的有用热量。

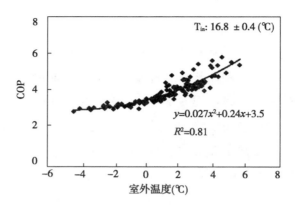

图4－4　室外空气温度对热泵性能系数（COP）影响

工质在蒸发时吸收大量热量，蒸发器表面温度会迅速下降，当表面温度降低到室外空气露点温度以下时，空气中含有水蒸气将在蒸发器表面凝结，结露时会释放出冷凝潜热，从而使热泵性能系数增加。由此可见，环境空气的湿度也会影响热泵运行性能系数，即湿度越大，热泵运行性能系数越大。

热泵用于设施加温时，室内机为冷凝器，高温高压气态工质在冷凝器内液化放热，当室内温度较低时，冷凝器更容易与空气进行热量交换，从而使热泵性能系数增加，而此时室内湿度对热泵性能系数没有影响。相反地，当热泵用于设施降温时，室外机为冷凝器，热泵性能系数会随着室外空气温度升高而降低，而室外湿度对热泵性能系数无影响。室内机作为蒸发器会受到室内温湿度的影响。

2. 蒸发器结霜问题及其解决对策

由以上讨论可知，室外机蒸发器上出现结露会使热泵性能系数增大。而当蒸发器表面温度在冰点或以下时，蒸发器表面开始结霜，开始少量结霜时，由于露水结成霜时会释放出凝固热，同时蒸发器表面变得粗糙，增加热交换面积，在某一段时间内可能改善热泵性能。但随着结霜量增加，蒸发器传热热阻增大，空气送风阻力增加，通过蒸发器的风量减少，使热泵制热性能系数减小。为了保证热泵正常运行，必须及时除霜。

热泵蒸发器结霜情况主要受室外温湿度的影响。空气相对湿度变化对结霜的影响远大于温度的影响。当相对湿度在 70% 以上时，室外空气温度在 3 ~ 5℃ 范围时结霜最严重。当空气相对湿度在 70% 以下时，蒸发器的结霜量明显减少。而当相对湿度在 50% 以下时，蒸发器则不会发生结霜。一般情况下，当相对湿度在 60% 以下时就可忽略结霜对热泵性能系数的影响。我国气象资料统计，热泵结霜问题在我国南方要比北方严重（徐邦裕等，2008）。

若想热泵在设施内高效运行，一个很重要的问题就是怎么解决蒸发器结霜问题。解决途径一般有两种：一种是怎样预防结霜，另一种是选择除霜的有效方法。

（1）防止蒸发器结霜。热泵蒸发器结霜发生的条件是空气中湿度大，蒸发器表面温度低于冰点，因此，预防结霜的方法应针对以上产生条件展开，即降低通过蒸发器的空气湿度，提高表面温度。

（2）增加辅助室外换热器。辅助室外换热器的设置可以起到除霜器的作用，运行过程中，换热器的温度可以维持在 20 ~ 45℃，从而有效的融化主换热器上的冰霜（Hewitt and Huang，2008）。

（3）设置电加热器。使用电加热器时，热泵工质的压力和温度较高，使蒸发器表面温度提高 1 ~ 2℃，降低结霜概率。

（4）改变热交换器。增加热交换器的面积，扩大肋片间距，增大通过热交换器的风速，减少空气温度降低程度，进行热交换器表面涂层以避免结霜。

3. 除霜有效方法选择

虽然可以采取一些办法减缓结霜，但不能完全避免，因此，热泵必须要有除霜（Defrost）办法，除霜方法选择应遵循简单、可靠、除霜频率低、时间短，不影响加温效果等，常用的热泵除霜方法有（平田哲夫等，2009）。

（1）热气除霜（Hot gas defrosting）。热气除霜的方式有两种，一种是直接将部分压缩机高温热气经旁通管路直接送入蒸发器进行除霜（Byun et al.，2008）。另一种是利用四通阀换向，即将室外机的蒸发器切换成冷凝器进行加热除霜，这时室内机为蒸发器，除霜的过程中处于制冷状态，为了减少冷气进入室内，室内机的风机处于关闭状态（Huang et al.，2009）。除霜结束后，风机又开始正常运行。在除霜过程中，压缩机正常运行消耗电能，因此，为了提高热泵运行性能，应尽量避免除霜的次数和时间。这种方式除霜速度快，效率高，但对室内温度有一定影响，可靠性低。

（2）空气除霜（Off cycle defrosting）。需要除霜时，停止压缩机运行，风机继续运行使空气流经蒸发器，从而使蒸发器表面温度回升，达到霜融化的目的。这是一种最简单的除霜方法，但也有一定的局限性，需要室外空气温度在 2 ~ 3℃ 以上才有效。并且除霜时间不定，取决于结霜量，空气温度和风量。

（3）电加热器除霜（Hot air defrosting）。利用电加热器除霜的方式有三种。一种是把加热器直接置于蒸发器的表面端部；二是电热器与换热器一体化；三是把加热管放在工质的管中。这种方式的第一种方法较简单，投资少，较易控制，因此应用较广。但电加热器的能效较低，运行成本高。

（4）水冲淋除霜（Hot water defrosting）。如果就近水源丰富，水质对热交换器排管没有腐蚀作用，可以考虑应用水冲淋蒸发器的方法溶解霜层，这种除霜方法简单，投资少，能迅速除霜。但其应用的可行性还需要进一步验证。

第七节　水源热泵利用的制约条件

与空气源热泵相比，水源热泵热源的温度变化较小，运行性能较稳定，也不会出现结霜的问题。尽管如此，水源热泵也还是要注意水温的问题，以避免循环热水经过热交换器后温度过低造成停机。另外，还要特别注意水源的水质，以防腐蚀热交换器，造成事故，水源热泵还应注意进行定期清洗，以保证其运行效率。

设施园艺热泵技术及应用

第五章

湿空气及其状态变化

空气的湿热状态不但直接影响设施中植物的生长发育（Growth and development），还会影响热泵的运行性能，因此了解湿空气在调控过程中的状态变化并对空气环境进行调控已成为设施农业的重要研究内容。

第一节　湿空气的概念及其成分

大气是由干空气（Dry air）和水蒸气（Water vapor）组成的混合物，含有水蒸气的空气称为湿空气（Moist/ Humid air），完全不含水蒸气的空气称为干空气，一般统称为湿空气，如图 5 - 1 所示。

干空气是氧氮等多种气体的混合物，其组成基本稳定不变。大气中的 CO_2 虽然会因植物的光合作用、土壤中微生物的呼吸作用、工业的产生以及昼夜、季节和地区的不同而有所改变，但其差异约为 0.01%，对空气成分的影响可以忽略不计。干空气的容积可按理想气体的容积来计算（在标准状态大气压为 101.3 kPa，温度为 20℃时，$1m^3$ 干空气的质量约为 1.2kg）。海平面附近清洁干空气的

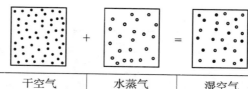

	干空气	水蒸气	湿空气
压力	P_1（Pa）	P_2	$P=P_1+P_2$
容积	V（m³）	V	V
质量	1（kg）	x	1+x
温度	T_1（℃）	T_2	$T=T_1+T_2$
焓	i_1（kJ/kg）	i_2	$i_ i_1+i_2$
密度	ρ_1（kg/m³）	ρ_2	$\rho_1=\rho_1+\rho_2$

图 5 - 1　湿空气的组成

标准成分如表 5 - 1 所示。

表 5 - 1　干空气的标准成分

气体	质量百分比（%）	体积百分比（%）
氮 N_2	75.53	78.09
氧 O_2	23.14	20.95
二氧化碳 CO_2	0.05	0.03
其他（如臭氧 O_3、氢 H_2 等）	1.30	0.94

第二节　湿空气的状态及特性

湿空气的状态通常可以用温度、湿度、绝对湿度、压力及焓等参数来度量，这些参数称为湿空气的状态参数，如表 5 - 2 所示。

表 5 - 2　湿空气的状态参数

名称	符号	单位	名称	符号	单位
干球温度	t	℃	相对湿度	Φ	%
湿球温度	t_w	℃	含湿量	d	kg/kg（DA）

设施园艺热泵技术及应用

（续表）

名称	符号	单位	名称	符号	单位
露点温度	t_d	℃	比容	V	m³/kg（DA）
水蒸气压	P_w	Pa	焓	i	kJ/kg（DA）
饱和水蒸气压	P_s	Pa	密度	ρ	kg/m³
绝对湿度	x	kg/kg（DA）或 kg/m³	质量体积	V_m	m³/kg

DA 表示单位干空气中水蒸气的质量

1. 温度

温度（Temperature）是湿空气的一个重要状态参数，用来表示物体冷热程度。对于气体来说，温度是分子平均动能的宏观表现。国际上通用的有热力学温度和摄氏温度。热力学温度是在国际单位制中7个基本量之一，用 T 表示，单位为 K。同时并用的摄氏温标用 t 表示，单位为℃，二者的换算关系如下：

$$T（K）= t（℃）+ 273.15 \qquad (5-1)$$

（1）干球温度。干球温度（Dry bulb temperature）是用普通温度计测出来的实际空气温度。在测量时要防止辐射影响，并要保持干燥。

（2）湿球温度。湿球温度（Wet bulb temperature）是通过等焓过程测取的绝热饱和温度。绝热是指在状态变化过程中，不吸收也不失去热量，只是显热和潜热相互转化保持平衡状态。

（3）露点温度。露点温度（Dew point temperature）是与某一绝对湿度相关的饱和温度，指在湿空气绝对湿度不变的条件下，水蒸气开始凝结的温度。气温下降湿空气的饱和水蒸气压降低，因此，在绝对湿度不变的情况下，气温降低湿空气的水蒸气压很容易达到饱和。在常压下，湿空气的露点温度只取决于绝对湿度。在工程计算中露点温度通常从焓湿图中查出。

露点温度也可以根据 Murray 公式计算如下：

$$t_d = -b \frac{ln(e/6.1078)}{ln(e/6.1078) - a} \qquad (5-2)$$

其中，a，b 为定数，

$a = 17.2\,693\,882$，b $= 237.3$ 水面上；

$a = 21.8\,745\,584$，b $= 265.5$ 冰面上。

2. 湿度

湿空气湿度是表示湿空气含水蒸气量的参数。

（1）绝对湿度。绝对湿度（Absolute humidity）为湿空气中单位质量干空气所含的水蒸气质量，kg/kg（DA），即：

$$x = \frac{m_w}{m_a} \qquad (5-3)$$

式中，m_w：湿空气中水蒸气质量，kg；

m_a：湿空气中干空气质量，kg。

常温常压下，干空气与水蒸气都可当作理想气体，利用理想气体状态方程可得：

$$x = 0.622 \frac{P_w}{P_a} = 0.622 \frac{P_w}{P - P_w} \qquad (5-4)$$

其中，0.622 为水蒸气与空气的分子量之比，P_a 干空气的压力，P_a。

当大气压力一定时，湿空气中的绝对湿度与水蒸气的分压力近似成正比。在给定温度下湿空气达到饱和时的含湿量，就是在该温度下湿空气的最大含水量。不同温度下，湿空气的最大含水量不同，温度越高，最大含水量越高（表5-3）。

（2）相对湿度。相对湿度（Relative humidity）为湿空气的水蒸气压力与相同温度下饱和水蒸气压力之比，即：

$$\phi(\%) = \frac{P_w}{P_s} \times 100 \qquad (5-5)$$

相对湿度表示湿空气接近饱和的程度。相对湿度越小，表示湿空气距饱和状态越远，吸湿能力越强。相反，相对湿度越大，表示距饱和状态越近，吸湿能力越弱。湿空气中绝对湿度不变的情况下，气温上升，相对湿度下降，相反地，气温下降，相对湿度上升。

相对湿度与绝对湿度关系如下：

$$x = 0.622 \frac{\phi P_s}{P_a - \phi P_s} \qquad (5-6)$$

P 为大气压力，P_a。

湿空气中水蒸气量与绝对湿度直接相关，而与相对湿度没有直接相关性。如表 5-3 所示，相对湿度相同的情况下，30℃湿空气的水蒸气含量约是 0℃的 7 倍，湿空气的水蒸气含量相差较大。

表 5-3　饱和空气状态　　　　（1mbar = 100Pa）

温度 （℃）	饱和蒸汽压力 （mbar）	焓 （kJ/kg′）	定压比热 （kJ/kg′K）	定容比热 （kJ/kg′K）	绝对湿度 [g/kg（DA）]
-30	0.509	-29.386	1.005 6	0.772 2	0.312
-20	1.254	-18.202	1.006 4	0.772 9	0.771
-10	2.862	-5.678	1.008 3	0.774 2	1.762
0	6.107	9.428	1.012 0	0.777 0	3.771
10	12.270	29.252	1.019 1	0.782 3	7.625
20	23.370	57.354	1.032 1	0.792 1	14.685
30	42.426	99.610	1.055 2	0.809 3	27.182
40	73.771	165.911	1.095 2	0.839 3	48.842
50	123.387	273.825	1.164 2	0.890 9	86.246

3. 水蒸气压力

（1）水蒸气压。湿空气中水蒸气所占有的气体容积，并与湿空气具有相同温度时所产生的压力，称为水蒸气压力（Water vapor pressure）。

大气一般被视为理想的混合气体，根据道尔顿定律，湿空气的总压力（P，kPa）是各组成部分气体的压力之和，即：

$$P = P_w + P_a \qquad (5-7)$$

显然，湿空气中水蒸气压力值的比例表示湿空气中水蒸气的含量多少。

（2）饱和水蒸气压 P_s。一定温度下，饱和空气的水蒸气压称为饱和水蒸气压（Saturated water vapor pressure）。饱和水蒸气压的计算如下：

$$P_s = 6.107\,8exp\frac{at}{t+b} \qquad (5-8)$$

其中，a，b 为定数，

$a = 17.269\,388\,2$，b $= 273.3$ 水面上；

$a = 21.874\,558\,4$，b $= 265.5$ 冰面上。

（3）饱和压差。饱和压差（Water vapor pressure deficit，VPD）为同温度下饱和水蒸气压与水蒸气压之差。

4. 比容与比热容

（1）比容。（Specific volume）为单位质量湿空气所占有的容积，单位为 m^3/kg（DA），湿空气的比容可以从图表中查出。

（2）比热容。比热容（Specific heat capacity）是指单位质量物质发生单位温度变化时所吸收或放出的热量，简称比热（Specific heat），其单位为 J/（kg K）。在工程上常用的有定压比热容 C_p、定容比热容 C_v 和饱和状态比热容三种。

第一种定压比热容 C_p。在压力不变的条件下，单位质量的物质温度升高或下降 1℃或 1K 所吸收或放出的能量。

第二种定容比热容 C_v。在容积（体积）不变的条件下，单位质量的物质温度升高或下降 1℃或 1K 吸收或放出的能量。

第三种饱和状态比热容。在某饱和状态时，单位质量的物质温度升高或下降 1℃或 1K 所吸收或放出的热量。

5. 焓

湿空气的焓（Enthalpy）是指湿空气中含有的总热量，包括干空气及水蒸气所含的显热（Sensible heat）和水蒸气所含有的气化潜热（Latent heat），kJ/kg 干空气。湿空气的焓可用下式表示：

$$i = i_l + i_s = C_{pa} \cdot t + (r + C_{pw} \cdot x) \qquad (5-9)$$

式中，

i_l 或 $C_{pa} \cdot t$：湿空气的潜热，kJ/kg 干空气；

i_s 或 $r + C_{pw}$：湿空气的显热，kJ/kg 干空气；

r：每 kg 水在 0℃ 时的气化潜热，$r = 2\,501$ kJ/kg；

C_{pa}：干空气的定压质量比热容，$C_{pa} = 1.005$ kJ/（kg K）；

C_{pw}：水蒸气的定压质量比热容，$C_{pw} = 1.846$ kJ/（kg K）。

因此，湿空气的温度越高或所含的水蒸气量越多，其焓值越大。

6. 密度和质量体积

湿空气的质量与其体积之比为空气的密度（Density），而空气的体积与其质量之比为质量体积（Mass volume）。

干空气在标准大气压 P 为 101 325Pa 下，温度为 0℃ 时的密度为 1.293kg/m³，20℃ 时为 1.205kg/m³，25℃ 时为 1.185kg/m³，30℃ 时为 1.165kg/m³，40℃ 时为 1.127kg/m³。相同条件下，湿空气的密度比干空气的密度略小。比如，湿空气在标准大气压下，温度为 20℃ 时的密度可近似取为 1.2kg/m³。

第三节　湿空气的热力学特性

湿空气的热力学特性是指湿空气中，水蒸气的物理变化过程及其传热关系。湿空气中水蒸气含量虽然少（质量百分比：0.2 ~

3%），但时常随地区、海拔、季节、气候、湿源等条件而变化，对植物生长产生直接影响。

众所周知，水有固体、液体和气体 3 种状态。在标准大气压下，温度为 273.2K 时，使 1kg 冰变成相同温度下的水需要提供 333.5kJ 能量，这部分能量只是改变水的状态（冰变成水）所需的，并未引起温度的变化，称之为液化潜热。将 1kg 的水，从 273.2K 升高到 373.2K 时，需要 419kJ 的能量，这部分能量只用于提高水的温度，而并未引起水的状态变化，称之为显热。而使 373.2kJ 的水变成相同温度的水蒸气时，需提供 2 257kJ 的气化潜热（图 5 – 2）。

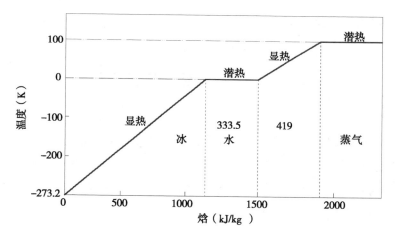

图 5 – 2 水的状态与温度和焓的关系

水在温度低于 373.2 K 的条件下也能发生气化过程，称之为蒸发。水蒸气在湿空气中的含量是不稳定的，湿空气中的水蒸气含量是决定湿空气状态的重要因素。水分蒸发时会吸收空气中的显热，从而使空气温度降低，达到冷却的效果。这也是设施中常用的湿帘 – 风机和喷雾降温的原理。

第四节　湿空气状态参数确定

湿空气状态参数一般可根据以下方法确定：

第一，湿空气各参数计算公式，只要知道其中两个参数（如温度和湿度）就可以计算其他参数（如绝对湿度、相对湿度、焓值和水蒸气饱和压差等）。

第二，从焓湿图上读取。

第三，运用湿空气计算软件，计算软件可从以下网站下载 http：//badger. uvm. edu/dspace/browse – author 或者 http：//www. hoshi – lab. info/env/humid. html。

第五节　焓湿图及其应用

描述湿空气热力特性的焓湿图（Psychrometric chart），包括干球温度、含湿量、相对湿度和焓等参数的等值线簇。焓湿图不仅可以表示各点空气的状态参数，还可以对空气状态和空气状态变化过程进行直观的描述，如图 5 – 3 所示。

1. 加温

利用热泵进行设施内加温时，湿空气的状态沿图 5 – 4 中加温线变化。在绝对湿度不变的情况下，温度上升，湿度下降。但由于设施内营养液的蒸发和植物蒸腾等原因，湿空气的绝对湿度增加，这种情况下，温度上升时相对湿度下降不明显，另外，设施的密闭性越好，相对湿度下降越慢。

2. 降温与除湿

利用热泵进行设施内降温时，湿空气的状态沿图 5 – 4 中降温

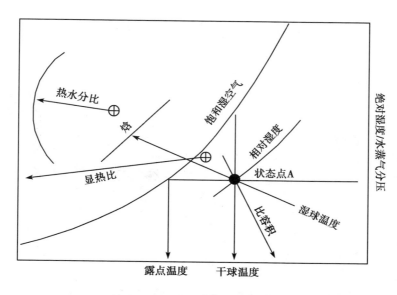

图5-3　焓湿图中各参数的确定

除湿线变化。由于室内机（蒸发器）吸热，室内温度降低，若降温过程中，湿空气的绝对湿度不变，则相对湿度增大。但若室内机的温度在室内空气露点温度以下，则热泵在降温的同时也在除湿，此时空气绝对湿度降低，相对湿度变化不明显。

当热泵仅用于设施内除湿时，室内湿空气经过蒸发器时，其绝对湿度和温度均下降，再用冷凝器对空气进行加热保持其温度在目标温度，此时室内湿空气的绝对湿度和相对湿度均下降。

3. 等焓蒸发降温

等焓蒸发降温过程即等焓加湿冷却过程，没有外界热量参与系统的热交换，系统的总焓热量也就是焓不发生变化。水蒸发所需热量来自于湿空气，只存在湿空气中显热量向潜热量的转变，即湿空气的显热量减少使水蒸发，潜热量增加。

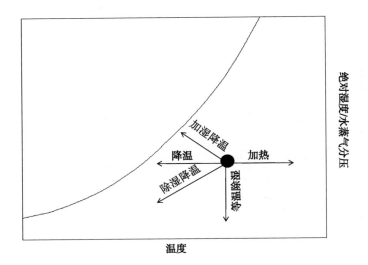

图 5－4　焓湿图中加热、降温、除湿等过程中各参数的变化

第六章

设施加温与降温负荷 计算及热泵选择

第一节 设施内温度管理的必要性

温度与地球上一切生命活动都息息相关。植物生长对温度也有一定要求，在一定温度范围内，环境空气温度与植物生长成正相关，并且每种植物都有三基点温度（Three critical points of temperature）：最低温度（Lowest temperature）、最高温度（Highest temperature）和最适温度（Optimum temperature）。当环境温度低于最低温度或高于最高温度时，植物将不能正常生长。而当环境温度处于最适温度时，植物生长最快。另外，植物还有一个生存极限温度（Survival limit temperature），当植物生存温度超过这个温度范围时，植物细胞结构将遭到破坏，甚至死亡。

我国冬季大部分地区室外温度较低，不能维持在植物三基点温度，甚至不能维持在植物生存极限温度范围内，因此不能进行露地生产。农业设施是为植物生长提供必要适宜环境的场所，冬季设施内的温度一般都比室外温度高，根据热力学定律可知，只要室内外存在温度差，热量就会自发地从高温侧通过围护结构向低温测传递，发生热量交换。可见，设施会时刻向室外散热。冬季晴天的白天，由于太阳辐射和室外较高温度的共同作用，温室内温度较高，基本可以维持在植物三基点温度范围内，有的地方温度甚至会超过植物生长最高温度（35℃以上），因此需要降温。而在冬季阴天的白天和夜晚，由于没有太阳辐射，室外温度也偏低，室内热量会通过设施维护结构传向室外。若不及时补充热量，室内温度将趋近于室外温度，超出植物三基点温度范围，甚至低于植物最低极限温度，因此需要采取加温措施。

为了延长设施内植物生长时间，达到周年生产的目的，在春秋季甚至夏季也需要进行温室生产。我国大部分地区，春秋季设施内基本不需要进行加温或降温管理。而在夏季则需要进行降温，尤其是在白天。

第二节　设施加温（降温）负荷的概念

在一定室外环境条件下，为了维持设施内目标温度必要的加热量（降温量），称为加温（降温）负荷（Heating/Cooling load）。加温（降温）负荷是设施加温（降温）设计中最基本的参数，其值计算的正确与否，将直接影响到加温（降温）方案和设备的选择与制定，进而会影响设施内加温（降温）效果。

第三节　温室的热量平衡

温室是通过围护结构将其内部空间与外界隔开的一种设施，把温室作为一个系统，这个系统与周围环境时刻都在以辐射（Radiation）、对流（Convection）和传导（Conduction）的方式进行热量交换。假设进入温室的热量为Q_{in}，传出温室的热量为Q_{out}，则温室内热量变化为Q，由能量平衡原理，可得到温室热量平衡（Energy balance）方程：

$$Q = Q_{in} - Q_{out} \qquad (6-1)$$

根据温室热量平衡方程可知，当进入温室的热量大于传出的热量，温室温度将会上升，反之，温室温度下降。在一定环境条件下，为了使温室温度维持在目标温度，只需保证进入温室的热量与传出的热量一致即可。

如果我们把温室作为一个系统，则温室与外界热量的交换途径为：

（1）太阳辐射热量，Q_1。

（2）照明、设备运行等产生的热量，Q_2。

（3）加温（降温）设备的热量，Q_3。

（4）围护结构传导、对流和辐射的热量，Q_4。

（5）加热围护结构缝隙渗入空气所需热量，Q_5。

（6）通风引起的热量变化，Q_6。

（7）室内水蒸发、冷凝的热量，Q_7。

（8）地中传热量，Q_8。

（9）植物光合、蒸腾和呼吸等生命活动产生的热量，Q_9。

当温室维持在某一温度水平时，由热平衡方程可得到：

$$Q_1 + Q_2 + Q_3 + Q_4 + Q_5 + Q_6 + Q_7 + Q_8 + Q_9 = 0 \qquad (6-2)$$

那么，将温室维持在目标温度的加温（降温）量为：

$$Q_3 = Q_1 + Q_2 + Q_4 + Q_5 + Q_6 + Q_7 + Q_8 + Q_9 \qquad (6-3)$$

由温室加温（降温）量的动态方程可知，温室的加温（降温）负荷与覆盖材料的传热系数和透光率、太阳辐射强度、室内外温差、温室体积和表面积、温室密闭性、通风换气量等有关（古在丰树等，2006）。

第四节　温室最大加温负荷的计算

不同的设施结构，其加温负荷计算也有区别。下面以温室为例，介绍农业设施最大加温负荷计算方法。

温室的加温负荷一般根据其热量平衡计算所得。但是，由于温度、风速、光照等室外环境条件在不断的变化，所以温室内外的热量交换也在不断的发生变化。在设施加温时，不可能对室内所需要补充的热量进行实时计算，一般应设定一个非常不利的环境条件（如冬季最冷的几天，一天中室外温度最低时间段）来计算所需要补充的热量，使温室保持在一定温度时，所补充的热量等于温室损失的热量。只要加温设备满足以上条件，就可以满足绝大部分条件下供热要求。当室外温度为历年最低温时，也能维持设施内目标温度的加热量称为最大加温负荷。为了使温室周年稳定运行，加温设备加温能力应以最大加温负荷为准。

1. 计算方法

根据传热学原理，温室损失量与室内外温差成正比，温差越大，温室热损失量越多，因此，应合理选择温室加温的设计环境条件。加温期间，室外最低温度一般都出现在凌晨，由于夜间没有太阳辐射，一般不进行夜间通风，照明和其他设备一般不运行，夜间植物不进行光合作用，蒸腾和呼吸较弱，相对于供热量而言可以忽略不计。由温室内热量平衡公式，则最大加温负荷（Q_3）可由下式计算：

$$Q_3 = Q_4 + Q_5 + Q_8 \qquad (6-4)$$

（1）围护结构传热量（Q_4）。热量通过围护结构要经过表面吸热、结构本身的传热以及表面放热三个过程。围护结构表面吸热和放热过程既有结构表面与附近空气之间的对流和导热作用，又有表面与周围其他表面之间的辐射传热作用。结构实体材料层的传热以导热为主，而其中的空气间层以辐射传热为主。围护结构传热量（Heat transmission through the cover）是温室热量损失的主要途径，一般占总损失热量的60%以上。一般采用总传热系数来计算围护结构传热量：

$$Q_4 = A \cdot h_t \cdot (T_{in} - T_{out}) \qquad (6-5)$$

式中，

A：围护结构传热面积，m^2。

h_t：围护结构总的传热系数，W/（$m^2 \cdot K$）。

T_{in}：室内设计温度，℃。

T_{out}：室外设计温度，℃。

由式6-5可知，围护结构传热量主要由室内外空气温度和覆盖材料的传热系数（Heat transmission coefficient through the covering）决定的。单层固定覆盖材料的传热系数如表6-1所示，可见，单层玻璃小于单层朔料薄膜的传热系数（马承伟和苗香雯，2005）。如果围护结构由多种材料组成，则总的传热系数（K_t）计算方法为：

$$\frac{1}{K_t} = \frac{1}{a_{in}} + \sum_{i=1}^{k} \frac{d_i}{h_i} + \frac{1}{a_{out}} \qquad (6-6)$$

式中，

a_{in}：围护结构内表面的对流换热系数，一般取8.72W/（$m^2 \cdot K$）。

a_{out}：围护结构外表面的对流换热系数，一般取23.26W/（$m^2 \cdot K$）。

d_i：外围护结构 i 层材料的厚度，m。

h_i：外围护结构 i 层材料的传热系数，W/（$m^2 \cdot K$）。

温室常用保温材料的传热系数及其热节省率，如表6-2所示。

在双层覆盖的情况下，塑料薄膜比玻璃的节能效果好，双层保温幕的节能效果最好（古在丰树等，2006）。

表6-1　单层固定覆盖材料的传热系数

围护结构材料	传热系数〔W/（m² · K）〕
聚乙烯薄膜	6.4
聚乙烯薄膜	6.8
玻璃、合成树脂	5.8

表6-2　温室常用保温材料的传热系数及其热节省率

覆盖层数	材料	传热系数〔W/（m² · K）〕		热节省率	
		玻璃	薄膜	玻璃	薄膜
双层覆盖	玻璃	3.8	3.8	0.35	0.40
	聚乙烯薄膜	3.5	3.5	0.40	0.45
单层保温幕	聚乙烯薄膜	4.1	4.2	0.30	0.35
	聚氯乙烯薄膜	3.8	3.8	0.35	0.40
	不织布	4.4	4.5	0.25	0.30
二层保温幕	聚乙烯 + 聚乙烯	3.2	3.5	0.45	0.45
	聚乙烯 + 不织布	3.2	3.5	0.45	0.45
	聚氯乙烯 + 聚乙烯	2.9	3.2	0.50	0.50
	聚氯乙烯 + 不织布	2.9	3.2	0.50	0.50
	聚氯乙烯 + 聚氯乙烯	2.6	4.9	0.55	0.55

（2）围护结构缝隙渗入空气所需热量，Q_5。围护结构缝隙渗入空气所需热量又称冷风渗透热量（Heat transfer by ventilation），是温室外冷空气通过围护结构、门窗等的缝隙进入室内，加热这部分冷空气从室外温度到室内温度所需的热量。一般占温室总损失热量的 5% ~20%。冷风渗透热量可由下式计算：

$$Q_5 = A \cdot h_v \cdot (T_{in} - T_{out}) = K \cdot N \cdot V \cdot (i_{in} - i_{out}) \quad (6-7)$$

式中，

h_v：冷风渗透系数，$W/(m^2 \cdot K)$。

K：空气密度，kg/m^3。

N：温室换气次数，$/h$。

V：温室体积，m^3。

i_{in}：室内空气的焓，kJ/kg。

i_{out}：室外空气的焓，kJ/kg。

由式 6-7 可知，冷风渗透热量主要是由室内外空气温度和冷风渗透系数（Heat transfer coefficient by ventilation）或换气次数（Air exchange rate）决定的。冷风渗透热量主要与温室的密闭性有关，密闭性越高，冷风渗透系数或换气次数越小，温室所需的冷风渗透热量越低。常见设施结构的冷风渗透系数和换气次数如表 6-3 和表 6-4 所示（林真纪夫等，2009）。

表 6-3 常见温室结构的冷风渗透系数

温室种类	玻璃	朔料	1层	2层	3层
冷风渗透系数（W/m² · K）	0.35~0.6	0.25~0.45	0.2~0.3	0.15~0.25	0.05~0.15

表 6-4 常见设施结构的换气系数

温室结构	新玻璃温室	新塑料温室	旧玻璃温室	旧温室	人工光植物工厂
换气次数（h⁻¹）	0.7~1.5	0.5~1.0	2.0~4.0	1.0~2.0	0.02~0.05

（3）地中传热量，Q_8。由表 6-5 可知，在白天，一般室温大于地温，热量从室内空气传向土壤，而在夜晚，若室内温度设置不是太高，室温一般小于地温，则热量从土壤传向空气。地中传热量（Heat flux from the ground）约占加温热量的 30%，因此，地中传热可以减少温室的供暖热量（林真纪夫等，2009）。

在分析室内空气向土壤传热时发现，加温期间地面温度接近室

设施园艺热泵技术及应用

内空气温度，温室内部向土壤深层的传热量不大，越靠近温室边缘，土壤温度的变化越大，传热量也越多。由于土壤温度场变化较复杂，想要精确计算地中传热量比较困难，因此，工程上采用假定传热系数法。

$$Q_8 = \sum A_{g-i} \cdot h_{g-i} \cdot (T_{in} - T_{out}) \qquad (6-8)$$

A_{g-i}：第 i 区地面面积，m^2。

h_{g-i}：第 i 区地面传热系数，$W/（m^2 \cdot K）$。

表 6-5　地中传热量（W/m^2）

内外温差（℃）	地面覆膜			
	无		有	
	温暖区	严寒区	温暖区	严寒区
10	-24	-18	-18	-12
15	-12	-6	-6	0
20	0	+6	+6	+12

注：室内向地中传热量为正。

2. 室内设计温度选择

温室加温是为了维持室内温度，从而使植物能正常生长。因为不同植物和植物不同生长阶段对其生长温度的要求不同。因此，应根据选定植物来确定室内设计温度。表 6-6 列出了常见果菜生长所需的温度范围（林真纪夫等，2009）。如果没有目标栽培对象，应以喜温植物所需温度作为室内设计温度，一般室内温度设定在 15~18℃ 为宜。

表6-6　常见果菜生长所需的温度范围

种类	白天气温（℃）		夜间气温（℃）		地温（℃）	
	最高	适宜	适宜	最低	适宜	最低
番茄	35	20~28	8~17	5	15~18	13~15
茄子	35	23~28	16~20	10	18~20	15~18
辣椒	35	25~30	18~23	12	18~20	15~18
黄瓜	35	23~28	12~15	10	18~20	15~18
甜瓜	35	25~30	18~22	15	18~20	15~23
西瓜	35	25~30	13~20	10	18~20	13~18
草莓	30	15~23	5~10	3	15~18	13~18
玫瑰	—	25~27	17~18	—	—	—
康乃馨	—	23~25	15	—	—	—
仙客来	—	23	15	—	—	—
菠菜	—	15~20		8	—	—
芹菜	—	13~18		5	—	—
鸭儿芹	—	15~20		8	—	—
茼蒿	—	15~20		8	—	—

3. 室外设计温度

温室最大加温负荷出现在冬季最寒冷的夜间，若以此温度作为室外设计温度，其计算的最大加温负荷肯定能满足温室供热需求。但是一年中最冷的天数不多，也不是每年都出现。若供热设备根据历年室外最低温度确定的加温负荷为基础选择加温设备，那么在加温期的绝大部分时间内，会出现加温功率过高的现象，不但会增加前期投入成本还会降低加温设备（如热泵）的运行效率，与加温系统设计的经济性不相符。相反地，室外设计温度也不能太高，不然在加温期内大部分时间供热量不足，不能维持室内目标温度，进而影响经济效益。

为了避免出现以上情况，美国温室制造业协会在《温室结构热损失标准》中规定加温设计室外温度应采用美国加热、降温、空调工程师学会手册推荐数据。一般取出现概率为 97.5% 的冬季干球温度为室外设计温度。

第五节　降温负荷

夏季的晴天，正午的太阳辐射强度可达 $1\ 000\ W/m^2$，约 70% 热量被温室吸收，因此，夏季白天的降温负荷非常大，若用热泵进行降温将非常不经济。一般采取传统的降温方法，如通风、湿帘风机、蒸发降温等。

有些地区冬季晴天的白天温室内温度较高，有时也需要降温以使室内温度维持在目标温度。因为室内外温差较大，此时也可以用热泵进行高效降温，详见第八章。

而在夜间没有太阳辐射，降温负荷一般是白天的 10%～20%，用热泵进行降温，经济性较高。降温负荷计算同加温负荷，在此不作赘述。

由图 6-1 可知，围护结构传热量约占降温负荷的 20%，而隙间换气传热量和地中传热量分别占 42% 和 38%（古在丰树，2009）。与加温期不同，降温负荷主要受隙间换气传热量和地中传热量影响，围护结构传热量对降温负荷的影响降低。因此，提高温室密闭性，做好地面保温以减少地中传热量，可以大幅度降低温室夜间的降温负荷。

第六节　人工光植物工厂降温（加温）负荷计算

与温室不同，人工光植物工厂主要是以不透光的绝热材料为围护结构，气密性好，室内环境条件受室外影响较小。

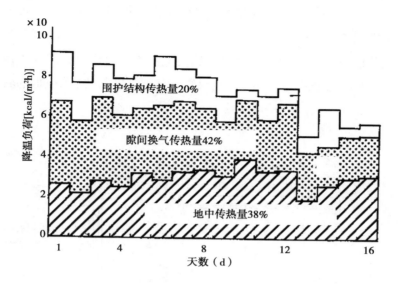

图6-1　夜间温室内降温负荷分布

　　人工光植物工厂的热量来源主要有人工光源发射热量 Q_1，设备运行产生的热量 Q_2，工作人员活动产生的热量 Q_3，植物光合、蒸腾和呼吸等生命活动产生的热量 Q_4 等。与外界进行热量交换的途径主要有围护结构传导、对流和辐射的热量 Q_5，通风渗透量 Q_6 等。而由于人工光植物工厂主要以绝热材料为围护结构，且气密性好（换气次数在 0.05 以下），因此，室内外进行交换的热量很少。为了使植物工厂内温度维持在目标温度，则大部分时间需要降温，尤其在光期，降温负荷为 Q_7。根据热量平衡方程可得：

$$Q_7 = Q_1 + Q_2 + Q_3 + Q_4 + Q_5 + Q_6 \quad (6-9)$$

　　在暗期，由于室内不进行人工光照射，人工光源发射热量 Q_1 为 0，基本无工作人员活动，植物光合、蒸腾和呼吸等产生的热量也很少，因此，Q_3 和 Q_4 可忽略不计。则植物工厂内降温负荷为：

$$Q_7 = Q_2 + Q_5 + Q_6 \quad (6-10)$$

　　在光期，植物工厂内能量平衡试算如图6-2所示，人工光源消耗电量转化成光能和热能，光能一部分被植物光合作用固定形成化学能，大部分又转化成热能。植物工厂内循环风扇和水泵等消耗的电能最终也转变成热能。由于植物工厂的绝热性和密闭性，与光期其他能量转换量相比，室内外热量交换可以忽略不计。为了使植物工厂内温度保持在一定水平，需要用热泵进行降温（Ohyama et al.，2000）。

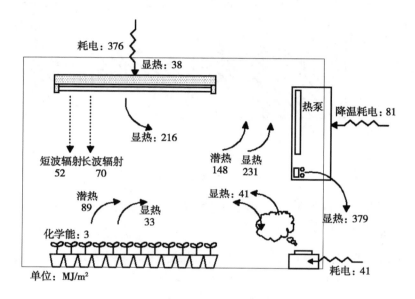

图6-2　植物工厂能量平衡试算例

第七节　热泵选择原则

温室内热泵的导入主要是为了满足温室冬季加温需求。因此，在选择热泵时，首先要能保证温室内所需的供热量，另外，要尽量减少设备费和运行费用。为了满足温室大部分时间所需的供热量，需要参考温室最大加温负荷来确定导入热泵的功率。

人工光植物工厂中大部分时间需要降温，由于植物工厂内环境受室外影响较小，热量来源主要是人工光源，故其光期的降温负荷相对较稳定，在选择热泵时，因根据光期的降温负荷进行选择。

一般情况下，热泵运行在其额定功率的 60%～80% 时，其性能系数最高。因此，在选择热泵时，应尽量使其大部分运行时间的功率在额定功率的 60%～80%，以减少热泵运行成本（Tong et al.，2013）。

设施园艺热泵技术及应用

75

第七章

设施物理环境及其调控措施

植物产量的 90% ~95% 来源于光合作用（Photosynthesis），只有 5% ~10% 是由根系吸收矿质元素形成的。因此，设施生产的主要目的是为了提高植物的净光合速率（Net photosynthetic rate）或干物质量（Dry weight）。所有的绿色植物在光照条件下都会发生光合作用，光合作用是通过植物叶绿素等光合器官，在光能作用下将 CO_2 和 H_2O 合成糖和淀粉等碳水化合物并释放出游离氧的生理过程。

$$6CO_2 + 6H_2O \rightarrow C_6H_{12}O_6 + 6O_2$$

在植物生长过程中，影响植物的主要因素包括：物理环境因素、植物因素和人为因素。本章重点讨论物理环境因子对植物生长的影响及其调控措施。设施内影响植物净光合速率的物理环境因子主要有：光环境（光质、光强和光周期）、温度（气温、叶温和根际温度）、气流速度、CO_2 浓度、相对湿度、叶 – 空气或空气 – 空气水蒸气饱和压差、营养液浓度等（表 7 –1）。各个环境因子对植物光合的影响不是孤立的，而是存在着既相辅相成又相互制约的关系。

表 7 – 1 设施中主要物理环境因子

物理环境		英文表达	符号	单位
光环境	光强	Light intensity	PPF	$\mu mol/m^2 \cdot s$、lx 或 W/m^2
	光质	Light quality	—	nm
	光周期	Light period	—	h/d
温度	气温	Air temperature	T_a	℃
	叶温	Leaf temperature	T_1	
	根际温度	Root temperature	T_r	
水蒸气饱和压差	叶 – 空气	Leaf – air vapor pressure deficit	VPD_{l-a}	Pa
	空气 – 空气	Air – air vapor pressure deficit	VPD_{a-a}	
营养液	温度	Nutrient temperature	T_n	℃
	酸度	Acidity Grade	pH	mg/g
	电导率	Electric conductivity	EC	$\mu S/cm$
	溶解氧	Dissolved Oxygen	DO	g/L
气流速度		Air speed	W	m/s
CO_2 浓度		CO_2 concentration	C	$\times 10^{-6}$
相对湿度		Relative humidity	RH	%

第一节 光照对植物的影响及其调控措施

光是植物生长发育最基本的物理环境要素之一，是植物进行光合作用等基本生理活动的能量源，也是花芽分化、开花结果等形态建成的动力源。光照条件还会直接影响植物的产量和品质。影响植物光合的光环境包括光强、光质和光周期。

1. 光强

光是植物光合作用的能量基础，光合产物的形成与光照的强度及其累积的时间密切相关。光照的强弱一方面影响着光合强度，同

设施园艺热泵技术及应用

时还能改变植物的形态，如开花、节间长短、茎的粗细及叶片的大小与厚薄等。在一定的光强范围内，光合强度与光照强度呈正相关。植物对光强的响应存在光饱和点（Light saturation point）和光补偿点（Light compensation point），不同类型植物的光饱和点的差异较大（表7-2）。植物在光补偿点时，光合产物的产生与消耗相等，无干物质的积累。当光照强度长时间处于光补偿点之下，植物生长缓慢，严重时还会导致植株枯死。因此，为使植物生长，提供的光强必须高于光补偿点。当光照强度低于植物的光饱和点时，植物光合速率随着光照强度的增加而加速，当光照强度达到饱和点后，光照强度增加，光合速率将不再增加。当光照强度超过光饱和点时，净光合速度不但不会增加，反而还会形成抑制作用（Photoinhibition），使叶绿素分解而导致植物的生理障碍（图7-1）。

表7-2　植物光合作用的光补偿点、光饱和点及其光合速率

（张振贤等，1997，略修）

蔬菜种类	光补偿点（μmol/m²·s，PAR）	光饱和点（μmol/m²·s，PAR）	光饱和点时的光合速率（CO₂ μmol/m²·s，PAR）
黄瓜	51.0	1 421.0	21.3
番茄	53.1	1 985.0	24.2
甘蓝	47.0	1 441.0	23.1
甜椒	35.0	1 719.0	19.2
茄子	51.1	1 682.0	20.1
花椰菜	43.0	1 095.0	17.3
白菜	32.0	1 324.0	20.3
萝卜	48.0	1 461.0	24.1
韭菜	29.0	1 076.0	11.3
莴苣	29.5	857.0	17.3
结球莴苣	38.4	851.1	
菠菜	45.0	889.0	13.2

（续表）

蔬菜种类	光补偿点 （μmol/m² · s， PAR）	光饱和点 （μmol/m² · s，PAR）	光饱和点时 的光合速率 （CO₂ μmol/ m² · s，PAR）
西葫芦	50.1	1 181.0	17.2
大葱	49.0	775.0	12.9
大蒜	41.0	707.0	11.4

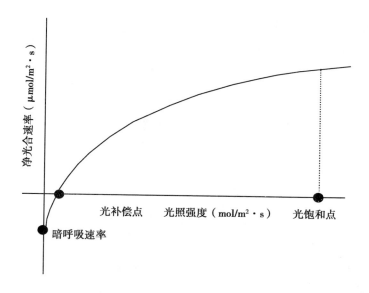

图 7 – 1　光照强度对净光合速率的影响

　　光强影响植物的形态结构、花芽分化、果实产量和生长发育。但不同的植物对光强的要求不同，根据植物对光强的要求大致可分为阳性植物（Light – demanding plant）、阴性植物（Shade – demanding plant）和中性植物（Neutrophilous plant）。阳性植物一般原产于热带和高原阳面，具有较高的光补偿点和饱和点，对光强的要求较高，光照不足会严重影响其产量和品质。蔬菜中的西瓜、甜瓜、番茄、茄子属于阳性植物。阴性植物原产于热带雨林或阴坡，具有

设施园艺热泵技术及应用

较低的光补偿点和饱和点，比较耐弱光照。蔬菜中的大多数叶菜、葱蒜属于阴性植物。中性植物对光强的要求介于阳性植物和阴性植物之间，在强光或弱光下均能较好的生长。蔬菜中的黄瓜、甜椒、甘蓝、白菜及萝卜都属于中性植物。阴性植物的光补偿点为200~1 000lx，阳性植物的光补偿点为1 000~2 000lx。

2. 光质

光是辐射的一部分，辐射是电磁波的一种，同时具有波与量子的性质，光子（Photo）在设施园艺中称为光量子。光质又被称作光谱组成或光谱能量分布（Spectral energy distribution），是指光中影响植物光合与光形态建成的波长成分的组成情况。光质或光谱分布对植物光合作用和形态建成（Morphogenesis）同样具有重要影响，地球上的植物是在经过亿万年的自然选择而不断适应太阳辐射，并依据种类不同而具有光的选择性吸收特征。到达地面的太阳辐射的波长范围为300~2 000nm，而以500nm处能量最高。太阳辐射中，波长380 nm以下的称为紫外线（Ultraviolet light，UV），360~780nm为人类视网膜可感受的辐射称为可见光（Visible light）300~800nm的称为生理有效辐射（Physiologically active radiation，PAR），760nm以上的是红外线（Far‐red light，FR），也称为长波辐射或热辐射。太阳辐射总能量中，光合有效辐射占45%~50%，紫外线占1%~2%，其余为红外线（刘文科等，2012）。

波长400~700nm的部分是植物光合作用主要吸收利用的能量区间，是植物光合能量和光信号，称为光合有效辐射（Photosynthetically active radiation，PAR），是光生物学研究的主要光谱波段。属于生理有效辐射，而不属于光合有效辐射的波长范围包括远红光（700~800nm，Far red radiation），它对植物的光形态建成（Photomorphogenesis）起一定的作用，及近紫外光（315~400nm，Near ultraviolet radiation），可促进种子发芽，果实成熟，提高蛋白质、维生素和糖等次生物质（Secondary metabolite production）的含量。

植物光合作用在可见光光谱（380～760nm）范围内所吸收的光能约占其生理辐射光能的 60%～65%，其中吸收最多的主要以波长 610～720nm（波峰为 660nm）的红、橙光（占生理辐射的 55% 左右）以及波长 400～510nm（波峰为 450nm）的蓝、紫光（占生理辐射的 8% 左右），绿光（500～600nm）吸收的很少（图 7-2）。紫外线波长较短的部分，能抑制植物的生长，杀死病菌孢子；红外线还对植物的萌芽和生长有刺激作用，并产生热效应。

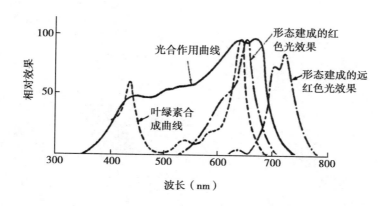

图 7-2　与植物的光合作用和形态建成有关的分光特性曲线

　　不同的光谱成分对植物的影响效果也不尽相同（表 7-3），强光条件下蓝光可促进叶绿素的合成，而红光则阻碍其合成（李合生，2000）。虽然红光是植物光合作用重要的能量源，但如果没有蓝光配合会造成植物形态的异常。大量的光谱实验表明，适当的红光（600～700nm）/蓝光（400～500nm）比（R/B 比）才能培育出形态健全的植物，红光过多会引起植物徒长，蓝光过多会抑制植物生长。适当的红光（600～700nm）/远红光（700～800nm）比（R/FR 比）能够调节植物的形态形成，较大的 R/FR 比能够缩短茎节间距而起到矮化植物的效果，相反较小的 R/FR 比可以促进植物的生长。所有这些特征都是设施内选择人工光源时必须考虑的因素，尤其是对近年来发展迅速的新型节能光源，如 LED、LD 以及冷阴极管等来说更为重要，因为这些光源可以精确调控植物最适宜的光质配比，以保障高效生产和节能的需求（刘文科等，2012）。

表7-3 不同光谱波长及对应光质名称与植物效应

光谱类型	名称	英文	波长（nm）	植物效应
紫外光	UV-C	Ultraviolet light	<280	对植物有强烈影响，但被大气中臭氧全部吸收不能到达地面
	UV-B		280~315	有10%左右的UV-B辐射到达地面对大多数植物有害，可能导致植物气孔关闭，影响光合作用，促进病菌感染
	UV-A		315~400	少量被臭氧层吸收，增加次生物质含量
可见光	紫光	Violet light	400~425	对植物光合的影响较小，可提高抗氧化酶活性
	蓝光	Blue light	425~490	植物吸收较多，促进叶绿素和花青素的合成，促进光合产物运输，抑制茎伸长，影响植物向光性、光形态和气孔开度，提高抗氧化酶活性
	绿光	Green light	490~550	叶片穿透率高，增加下部叶片受光率。蓝绿光对气孔导度有一定的调控作用
	黄光	Yellow light	550~585	对一些植物品种生长有抑制作用，可促进植物下层叶片光合作用
	橙光	Orange light	585~620	促进胡萝卜素的合成，对开花有一定促进作用，抑制抗氧化酶活性
	红光	Red light	620~700	植物吸收最多，对植物光合贡献最大，可调控植物形态建成，对植物伸长起作用，降低硝酸盐含量，促进维生素C等含量，抑制抗氧化酶活性
	远红光	Far red light	700~740	对光周期及种子形成有重要作用，并控制开花及果实的颜色
红外光	近红外光	Near infrared light	750~2 500	几乎以热能的形式散失，影响植物温度和蒸腾，可促进干物质的积累，但不参加光合作用
	中红外光	Medium infrared light	2 500~25 000	
	远红外光	Far infrared light	25 000~40 000	

3. 光周期

植物对光照时间的要求称为植物的光周期。植物各部分的生长发育，包括茎的伸长、根的发育、休眠、发芽、开花及结果等均与光周期有密切关系。根据植物开花过程对光周期要求的不同，可将植物分为三类：长日照植物（Long – day plant）、短日照植物（Short – day plant）和日中性植物（Day – neutral plant）。长日照植物要求较长的光周期才能开花，如白菜、甘蓝、芜青、芭荬菜等，在其生育的某一阶段需要 12 ~ 14h 以上的光照时数；短日照植物要求较短的光周期才能开花，如扁豆、洋葱、大豆等，需要 12 ~ 14h 以下的光照时数；中日照植物对光照时数不敏感，适应范围宽，如黄瓜、番茄、辣椒等，在较长或较短的光照时数下，都能开花结实。

4. 设施中光环境的调控措施

在没有人工补光的情况下，温室内的光照与室外太阳辐射直接相关。太阳辐射随着季节和纬度的改变而有所变化，因此，为了保证植物正常的生长发育，在实际生产中进行温室内光环境调控是非常必要的。

（1）合理的温室结构设计。室内光照会受到温室方位、类型、屋面采光角、覆盖材料、温室结构和设备等的影响。研究表明，东西走向温室的透光率均高于南北走向的温室。因此，在进行温室设计时，应根据当地的自然环境，如地理情况、气候特点、建设地点等进行合理的温室结构设计，并尽量减少构件和设备对室内光照及其分布的影响。

（2）覆盖材料的选择。当温室结构和方位等确定后，温室覆盖材料是影响室内光环境的重要因素。太阳辐射进入温室必须通过温室覆盖材料，因此，室内光照强度直接受覆盖材料的透光率（Light transmittance）影响（表 7 – 4）。新的覆盖材料的透光率一般为80%～90%，而当材料污染和老化后，透光率将大大下降，因此，及时更换或定期对覆盖材料进行清洁是提高温室透光率的有效手段（古在丰树等，2006）。

表7-4　覆盖材料的透光特性

覆盖材料	厚度	吸收率	透射率	反射率	辐射特性指数	
					干燥状态	内侧附着水滴
聚乙烯（PE）薄膜	0.05	0.05	0.85	0.10	-0.75	0.40～0.25
	0.10	0.15	0.75	0.10	-0.65	0.35～0.20
醋酸乙烯（EVA）薄膜	0.05	0.15	0.75	0.10	-0.65	0.35～0.2
	0.10	0.35	0.55	0.10	-0.45	0.25～0.15
聚乙烯-醋酸乙烯复合（PO）薄膜	0.075	0.35～0.60	0.30～0.50	0.10	-0.20～-0.40	
	0.15	0.60	0.30	0.10	-0.20	
聚氯乙烯（PVC）薄膜	0.05	0.45	0.45	0.10	-0.35	0.20～0.10
	0.10	0.65	0.25	0.10	-0.15	0.10～0.05
硬质聚酯	0.05	0.60	0.30	0.10	-0.20	0.15～0.05
	0.10	0.80	0.10	0.10	0	0
	0.175	0.85	0.05	0.10	0.05～0.10	<0.05
不织布	—	0.90	—	0.10	0.10	<0.05
聚乙烯醇膜	—	0.90	—	0.10	0.10	<0.05
玻璃	—	0.95	—	0.05	0.05	<0.05
硬纸板	—	0.90	—	0.10	0.10	<0.05
混铝聚乙烯膜	—	0.65～0.75	—	0.25～0.35	0.25～0.35	0.10～0.15
镀铝膜 聚丙烯面层向外	—	0.15～0.25	—	0.75～0.85	0.70～0.80	0.55～0.70
聚乙烯面层向外	—	0.25～0.40	—	0.60～0.75	0.65～0.75	0.50～0.65

温室覆盖材料不但会影响室内光强，还会影响室内光谱特性，因为覆盖材料对各个波段的吸收、反射和透射能力不同（表7-5）。玻璃对可见光部分、近红外和2 500nm以内的红外线透光率

高，而对 4 500nm 以上的长波红外线和紫外线透过率较差。玻璃纤维聚酯板（FRP，Glass – Fiber reinforced polyester plastic panels）与玻璃相似，紫外线的透过率低。而玻璃纤维丙烯酸树脂板（FRA，Glass – Fiber reinforced acrylester plastic panels）对紫外线的透过率较高，但对其他波段的透射性能与玻璃相似。聚氯乙烯塑料薄膜（PVC，Polyvinyl chloride）和聚乙烯塑料薄膜（PE，Polyethylene）对可见光的透射率相近，均在 90% 左右，而对紫外线和 2 500 ~ 5 000nm 的远红外线，PE 的透过率相对较高。

表 7 – 5　塑料薄膜与玻璃的分光透光率（周长吉，2010，略修）

波长（nm）		PE（0.1mm）	PVC（0.1mm）	EVA（0.1mm）	玻璃（3mm）
		%	%	%	%
紫外线	280	55	0	76	0
	300	60	20	80	0
	320	63	25	81	46
	350	66	78	84	80
可见光	450	71	86	82	84
	550	71	87	85	88
	650	80	88	86	91
红外线	1 000	88	93	90	91
	2 000	90	94	91	90
	5 000	85	72	85	20
	9 000	84	40	70	0

从植物生长发育的角度考虑，选择覆盖材料时，其透光特性应对光合生理有效辐射具有最大的透过率，而对 320nm 以下的紫外线和 800 ~ 2 000nm 远红外线的透过率最小。另外，还可以根据植物对光质的特殊要求来选择覆盖材料，比如采用 PE 和 FRA 等能透过较多紫外线的覆盖材料可以提高温室内蔬菜品质和色度。

（3）人工补光。当温室内自然光照不足或过短而影响到植物光合作用时，就需要进行人工补光（Artificial light）。而在人工光植物工厂中，植物所需的光全部来自于人工光源（图 7-3）。表 7-6 列出几种常用人工光源及其性能参数，在选择人工光源时，应充分考虑植物所需的光环境参数和人工光源的发光效率，另外，还需参考光源的价格、寿命、安装维护费用等。

图 7-3　人工光源在温室内应用

表 7-6　常用人工光源及主要性能参数

光源	功率（W）	发光效率（lm/W）	主要光谱	寿命（h）	特征	应用
白炽灯	15 ~ 1 000	10 ~ 20	红橙光	1 000	发光效率低，红光和远红光成分多，成本低	花卉开花控制（菊花、百合等），草莓休眠抑制
荧光灯	40	60 ~ 110	类似太阳光谱	12 000	发光效率好，发热少，光合成有效光谱对应，种类多，寿命长，成本低	设施（温室、植物工厂等）内补光用光源
金属卤化物灯	200 ~ 400	70 ~ 90	蓝绿光、红橙光	5 000	发光效率低，青光多，近似于太阳光谱	设施果蔬补光，种子选育等
高压钠灯	400 ~ 1 000	40 ~ 60	蓝绿光、紫外光	5 000	功率高，发光效率好，红光多，寿命长	设施（温室）补光常用光源

光源	功率（W）	发光效率（lm/W）	主要光谱	寿命（h）	特征	应用
LED	—	110	各种单色光	40 000	体积小、寿命长、能耗低、发光效率高、发热低	设施（温室）补光常用光源

蔬菜多数属于喜光植物，其光补偿点和光饱和点均比较高，在设施中植物对光照强度的相关要求是选择人工光源的重要依据，了解不同植物的光照需求对设计人工光源、提高系统的生产性能都是极为必要的（表7-7）（周长吉，2003）。

表7-7   温室蔬菜人工补光参数

蔬菜	幼苗		植株	
	光照度（lx）	时间（h）	光照度（lx）	时间（h）
番茄	3 000～6 000	16	3 000～7 000	16
黄瓜	3 000～6 000	12～24	3 000～7 000	12～24
莴苣	3 000～6 000	12～24	3 000～7 000	12～24
芹菜	3 000～6 000	12～24	3 000～6 000	12～24
茄子	3 000～6 000	12～24	3 000～6 000	12～24
甜椒	3 000～6 000	12～24	3 000～7 000	12～24
花椰菜	3 000～6 000	12～24	3 000～6 000	16

植物对人工光源的要求主要体现在3个方面，即光谱性能、发光效率以及使用寿命等。在光谱性能方面，要求光源具有富含400～500nm蓝紫光和600～700nm红橙光，适当的红色、蓝光比例（R／B比），适当的红光（600～700nm）远红光（700～800nm）比例（R／FR比），以及具有其他特定要求的光谱成分（如补充紫外光等），既保证植物光合对光质的需求，又要尽可能减少无效光谱和能源消耗；在发光效率方面，要求发出的光合有效辐射量与消耗功率之比达到较高水平。在其他性能要求方面，希望使用寿命尽

设施园艺热泵技术及应用

可能长一些，光衰小一些，价格相对低一些等。

随着 LED 技术的发展和制造成本的下降，LED 光源在设施园艺中的应用越来越受到世界各国的广泛关注。LED 不仅具有体积小、寿命长、能耗低、发光效率高、发热低等光电特性优点，而且还能根据农业生物的需要进行光谱的精确配置，可调节园艺植物的生长发育和光形态建成，从而提高其产量和品质。因此，利用 LED 的性能特点开发出植物所需的人工光源将会大大提高其光能利用效率。LED 在农业领域的应用范围正在不断拓宽，被认为是 21 世纪现代农业领域最有前途的人工光源，具有良好的发展前景。

（4）遮阳调节。在夏季，室内强光和高温会抑制植物的光合作用，甚至会影响植物正常的生长发育，因此，往往需要进行遮光调节。温室内遮光一般采用具有一定透光率的遮阳材料（纱网、铝箔网和镀铝网等），既能保证温室作物正常生长所需光照，又能防止温室温度过高。遮阳已成为温室不可或缺的光照调节和降温技术。

根据安装位置，遮阳又分为外遮阳和内遮阳。外遮阳是将遮阳网安装在温室顶部，直接将多余的太阳辐射阻隔在室外，遮阳和降温的效果最好，并且对室内其他环境因子没有直接影响。但是遮阳网必须能承受室外风、雨、雪等自然灾害。室内遮阳是在温室内部安装遮阳网，在室内阻隔多余的太阳辐射。对于同等遮阳率的遮阳网，室内遮阳的降温效果比室外遮阳稍差一些。但当内遮阳与其他降温措施相结合时，由于室内需降温的空气体积减少，内遮阳更经济适用。

选择遮阳网时需结合植物对光照的要求、温室特点、太阳辐射情况等进行综合分析。在满足植物生长光照的条件下，尽量选用遮阳率高的遮阳网，以同时达到降温的目的。

第二节　温度对植物的影响及其调控措施

　　温度与植物生长的关系极为密切，植物的生长、发育和产量均受温度的影响。植物必须在一定的温度条件下才能进行体内生理活动及其生化反应。温度升高，生理生化反应加速；温度降低，生理生化反应变慢，植物生长发育迟缓。当温度低于或高于植物生理极限时，其发育就会受阻甚至死亡。与其他环境因子相比，温度是较容易人为调控的一个环境参数，温度调控对植物的品质与产量影响相对也较大。因此，温度环境的调控对保障植物的高效生产极为重要。

1. 温度对植物生长发育的影响

　　设施内的气温和栽培床营养液的温度对植物的光合作用、呼吸作用、光合产物的输送、积累、根系的生长和水分、养分的吸收以及根、茎、叶、花、果实各器官的发育生长均有着显著的影响，为了使这些生长和生理作用过程能够正常进行，必须为其提供适宜的温度条件。植物的生育适温，随植物种类、品种、生育阶段及生理活动的昼夜变化而变化。通常评价温度对植物的影响主要采用三基点温度：最低温度、最适温度和最高温度。在最适温度下，植物的生长、生理活动能够正常进行，并且具有较高的光合作用产物积累速率。一般植物光合作用的最低温度为 0 ~ 5℃，最适温度为 20 ~ 30℃，最高温度为 35 ~ 40℃。此外，营养液温度的高低也会影响植物根系的生长发育和根系对水分、营养物质的吸收。一般情况下适宜的营养液温度为 18 ~ 22℃（杨其长等，2012）。

　　在适宜的温度范围内，随着气温的升高，植物的光合强度也相应提高，增长较快时，每升高 1℃，光合强度可提高约 10%；每提高 10℃，光合强度提高约一倍。适温范围以外的低温或高温，光合强度都要显著降低。温度对光合强度和呼吸强度的影响如图 7 - 4 所示。

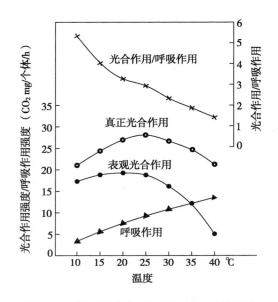

图 7 - 4   温度对光合强度和呼吸强度的影响

呼吸作用也同样随气温的提高而增强。在较低的温度下，植物光合作用强度低，光合产物少，生长缓慢，不利于植物生长；温度过高，光合强度增长减缓或降低，呼吸消耗增长大于光合作用增长，同样不利于光合产物的积累。呼吸作用的最低温度为 - 10℃，最适温度为 36 ~ 46℃，最高温度为 50℃。在呼吸适温范围内，温度提高 10℃，呼吸强度提高 1 ~ 1.5 倍。

最利于植物光合产物积累的温度条件随光照条件的不同而变化，一般光照越强，最适温度越高。光照较弱时，如气温过高，光合产物较少，呼吸消耗较多，植物中光合产物不能有效积累，会使植物叶片变薄，植株瘦弱。

植物光合作用产物输送同样需要一定的温度条件，较高的温度有利于加快光合产物输送的速度。如果光合作用后期与暗期阶段温度过低，叶片内的光合产物不能输送出去，叶片中碳水化合物积累过多，不仅影响次日的光合作用，还会使叶片变厚、变紫、加快衰老，使光合能力降低。

2. 设施内温度调控

设施内温度调控是通过一定的工程技术手段进行室内温度环境的人为调节，以维持植物生长发育过程的动态适温，并实现在空间上的均匀分布、时间上的平缓变化，以保障设施内的高效生产。与其他环境因子相比，温度是较容易人为调控的一个参数，温度调控对植物的品质与产量影响相对也较大。目前，设施内温度的主要调节与控制措施及其优缺点如表7-8所示。

设施园艺热泵技术及应用

表7-8　设施内温度主要调控措施及其优缺点

目的	方法	消耗能源	具体措施	优缺点
加温	热泵	以电力为主	空气源热泵	安装简单、投资相对少、能效高、易受运行环境影响、低温下室外机易发生结霜
			水源热泵	安装复杂、投资相对高、运行能效稳定、受环境影响较小、受水源限制、对水质有要求
	燃油机	重油、天然气等	热风	安装简单、投资相对少、能效低、一次能源消耗高、温室气体排放易污染环境
	热水锅炉	煤炭等	热水、热风	能效低、一次能源消耗高、温室气体排放易污染环境
降温	热泵	以电力为主		安装简单、投资相对少、能效高、易受运行环境影响，当室内高于室外温度时降温，运行效率很高
	通风	电力	自然通风强制通风	运行费用低、室外温度低于室内才有效、通风使设施密闭性小、换气次数增大、无法进行高浓度CO_2施肥、增加发生病虫害几率
	蒸发	电力和水	湿帘风机喷雾	运行费用低、使室内湿度增大，增加病害发生几率、室外湿度低时效果较好

（1）加温调控。设施内加温措施主要包括热泵、燃油机和热水锅炉等。由表可知，热泵用于设施内加温具有较大优势，在日本、

荷兰等园艺设施水平较发达的国家应用的比较多。而目前在中国温室内应用的还较少，温室内加温主要还是以燃油机和热水锅炉为主，可能是在中国北方地区温室类型是以有保温蓄热功能的日光温室为主的原因。因此，今后可以加强热泵在日光温室内有效利用方面的研究。而植物工厂一般都利用热泵进行温度管理，详细介绍见第九章。

燃油机因其安装方便，前期投资相对不高等原因，石油危机之前，在温室内应用较普遍。近几年随着节能减排的呼声日高，以及新能源、新技术的利用，设施园艺将逐渐从石油依赖型农业中摆脱出来。

在较寒冷的地区，设施内加温一般采用热水或热风供暖系统。供暖系统由热水锅炉、供热管道和散热器等组成。水通过锅炉加热后经供热管道进入散热器，热水通过散热器加热空气，冷却后的热水回流到锅炉中重复使用。一般采用低温热水供暖（供、回水温度分别为95℃和70℃）。由于热水采暖系统的锅炉与散热器垂直高差较小（小于3m），因此，一般不采用重力循环的方式，仅采用机械循环的方式，即在回水总管上安装循环水泵。在系统管道和散热器的连接上采用单管式或双管式。根据室内湿度高的特点，多用热浸镀锌圆翼型散热器，散热面积大，防腐性能好。散热器布置一般布置在维护结构四周，散热器的规格和长度的确定要以满足供暖设计热负荷要求为原则，在室内均匀布置以期获得均匀的温度分布。

此外，为保持植物根部适宜的生长温度，冬季采用热水管道或电加热的方式对营养液进行加温，以保持营养液和植物根际环境的稳定。

不管应用哪种加温措施，都要注意节能减排。设施内节能除了采取高效加温方法，提高运行效率外，还应加强温室本身的保温性：①提高保温性，降低覆盖材料的热传导率；②设置保温膜，设置移动或多层覆盖；③提高气密性，降低设施换气次数；④适当管理措施，变温管理或局部加温等。

（2）降温调控。温室内降温措施一般有热泵、通风和蒸发降温等。热泵不但可以用于加温还可以用于降温，因此，热泵在设施内可以一机多用，减少了其他加温和降温设备的安装。热泵用于设施内降温详细介绍见第八章内容。

通风降温因其运行费用小，简单易操作等优势在温室内应用较普遍。通风降温又分为自然通风（Nature ventilation）和强制通风（Forced ventilation）两种（图7-5）。

图7-5　温室内自然通风与强制通风的应用

蒸发降温（Evaporation cooling）一般应用于室外湿度较低时比较有效。蒸发降温又分为湿帘风机（Fan pad system）和喷雾（Foging）两种。湿帘风机措施在美国和中国比较普遍。喷雾（平均直径为0.01mm的水雾）降温可与自然通风或强制通风结合，以便使室内空气的水蒸气饱和压差维持在较高的水平。蒸发降温所能达到的最低室温与室外空气的湿球温度一致。比如，室外的湿球温度为25℃，室内适宜的室内湿度为85%～90%，那么室内温度的目标值可以设在28～30℃。

蒸发降温的缺点：①若喷雾不能完全蒸发，会形成水滴落到植物上，使叶片气孔关闭，抑制光合和蒸腾作用；②蒸腾作用的减弱使叶温升高；③叶片上有水滴、室内湿度增大会增加病虫害发生几率；④不利于室内工作人员作业，影响工作效率。为了减少蒸发降温的不利因素，应选择合理的喷雾措施，比如采取间歇喷雾，综合考虑室内外其他环境因子进行喷雾参数的选择等。

第三节　湿度对植物的影响及其调控措施

设施环境内，由于植物的蒸腾作用、土壤和营养液的蒸发等使得空气湿度较大。这种情况尤其容易发生在冬季傍晚，空气温度的降低使相对湿度增大，有时可达到100%，饱和空气可在植物叶片和设施围护材料上凝结形成露水。设施内多湿的条件容易使植物发生病害。设施常见果菜番茄和黄瓜的易发病害如表7-9所示。可见在湿度高于80%时，番茄与黄瓜均易发生病害（林真纪夫等，2009）。在湿度较低时，番茄与黄瓜易发生白粉病（表7-9）。

表7-9　番茄和黄瓜易发病的温湿度条件

果菜	病害	相对湿度（%）	温度（℃）	果菜	病害	相对湿度（%）	温度（℃）
番茄	叶霉病	80~100	20~23	黄瓜	霉病	90~100	20~25
	灰霉病	90~100	20		白粉病	45~75	25
	白粉病	45~75	23		灰霉病	—	20
	斑菌病	—	27~30		斑菌病	90~100	25
	青枯病	—	30		茎枯病	90~100	20~24
	枯萎病	—	27~38		茎腐病	—	24~27（地温）

设施内空气湿度还会通过影响植物叶片和周围空气之间的水蒸

气饱和压力差（Leaf to air vapor pressure deficit，leaf to air VPD），进而影响植物蒸腾和光合作用。空气湿度低，leaf to air VPD 大，植物叶片蒸腾速率大，严重时导致根部供水不足，气孔导度减小，气孔关闭，细胞内外的 CO_2 交换量减小，光合产物降低。空气湿度较高时，leaf to air VPD 较小，叶片的蒸发量小，根部对营养液的吸收减少，进而影响植物光合，产量降低（图 7 - 6）。一般在 60% ~ 80% 的相对湿度下，植物能够正常生长。不同的植物对空气相对湿度的要求也不尽相同，应根据不同的植物品种及生长期对空气湿度进行调节。

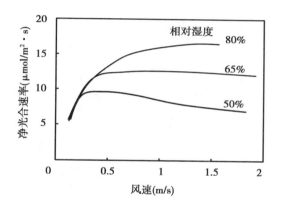

图 7 - 6　净光合速率与风速和相对湿度的关系

1. 除湿调控

设施内除湿调控可采用加热、通风和除湿等方法。加热不仅可提高室内温度，而且在空气含湿量一定的情况下，相对湿度也会相应下降。适当通风将室外干燥的空气送入室内，排出室内高湿空气也可以降低室内相对湿度。利用热泵技术进行除湿，也可以采用固态或液态的吸湿剂吸收空气中的水蒸气来除湿。

为了控制室内过高的相对湿度，植物工厂通常采用以下几种降湿方法。

设施园艺热泵技术及应用

（1）加温除湿。在一定的室外气象条件与室内蒸腾蒸发及换气条件下，室内相对湿度与室内温度成负相关。因此，适当提高室内温度也是降低室内相对湿度的有效措施之一。加温的高低，除植物需要的温度条件外，就湿度控制而言，一般以保持叶片不结露为宜。加温除湿的方法尤其适用于冬季。

（2）通风换气除湿。设施较高的密闭性是造成高湿的主要原因之一。为了防止室内高温高湿，可采取强制通风换气的方法，以降低室内湿度。室内相对湿度的控制标准因季节、植物种类不同而异，一般控制在 50% ~ 85% 为宜。通风换气量的大小与植物蒸发、蒸腾的大小及室内外的温湿度条件有关。在冬季，为了保持室内温度在一定水平，通常不能进行通风，而其他季节通常均可采用通风换气法进行除湿。

（3）热泵除湿。当热泵用于设施降温时，其蒸发器在室内，由于蒸发盘管的温度可降到 5℃ 左右，远低于室内空气的露点温度，室内空气中的水蒸气会在热泵蒸发盘管上冷凝，从而降低空气湿度。热泵的冷凝水几乎不含离子，可进行回收再利用。

（4）吸湿。采用吸湿材料，如氯化锂等，吸收空气中水分以降低空气中绝对湿度，从而降低空气相对湿度。

（5）空间电场除湿。利用静电场驱动离子系统的上悬电极与设施壁面或土壤等之间建立的静电场，在静电场作用下，空气被电离成许多自由离子和电子，空气中的水气被高速运动的离子和电子碰撞后获得电荷，在电场库伦力的作用下发生聚水作用，迅速将温室内的水蒸气除去而降低空气湿度。

2. 加湿调控

在干燥季节，当室内相对湿度低于 40% 时，就需要加湿。在一定的风速条件下，适当的增加湿度可增大气孔开度，提高植物的光合强度。常用的加湿方法有：喷雾加湿与超声波加湿等。超声波加湿不会出现因加湿而打湿叶片的现象，已经在植物工厂中广泛使用。

　　图7-7是一款应用于植物工厂超声波加湿器，系统由相对湿度传感器、水箱、泵、供水管道、稳压器、比例控制器、加湿器和控制电路等组成。加湿用水为去离子水，由水泵将去离子水供至加湿器的汲水盘，根据控制系统给出的信号确定湿度调节状态。湿度的控制采用 PID 控制，通过设定湿度控制值和比例参数值 P，当控制湿度系统启动时，环境监控开关 S2 闭合，加湿机开启；同时，通过 IIC 通讯接口，将比例控制值传递给"IIC - DA 模块"输出模拟比例信号，模拟比例信号经"比例控制器"控制加湿器的加湿量，实现对植物工厂内相对湿度的比例调控。

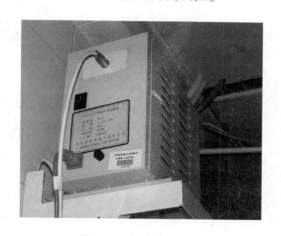

图 7 - 7　超声波加湿器

第四节　CO_2浓度对植物的影响及其调控措施

　　CO_2是植物光合作用的碳源，对光合速率影响很大，进而影响植物的生长发育、品质和产量。用于植物光合作用的 CO_2 有三种来源，即叶片周围空气中的 CO_2、叶内组织呼吸作用产生的 CO_2 及植

物根部吸收的 CO_2，后者仅占植物吸收 CO_2 总重的 1% ～ 2%，绝大部分 CO_2 来自于叶边界层（Leaf boundary layer）和叶内组织，并通过扩散途径由表皮或气孔进入叶肉细胞的叶绿体。在光合过程中，CO_2 因不断被叶绿体消耗，浓度不断降低，并与周边环境形成 CO_2 浓度梯度，导致 CO_2 向叶绿体扩散（图 7 - 8）。

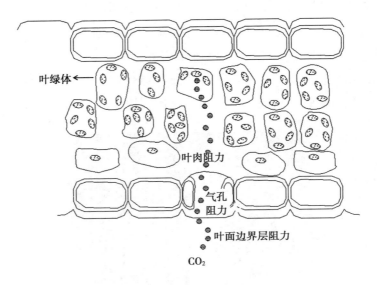

图 7 - 8　CO_2 扩散阻力

在光照充足的情况下，植物消耗的 CO_2 与呼吸所释放的 CO_2 达到平衡时的 CO_2 浓度为植物的 CO_2 补偿点。C_3 植物的 CO_2 补偿点为 30 ～ 100μmol/mol，C_4 植物为 0 ～ 10μmol/mol。从 CO_2 补偿点至饱和点（一般为 800 ～ 1 800μmol/mol），光合速率随 CO_2 浓度的增加几乎呈线性增长。当 CO_2 浓度超过饱和点或者在较高 CO_2 浓度水平持续时间过长时，就会引起气孔关闭，光合速率下降，甚至光合作用停止。一般情况下，大气中 CO_2 浓度（350μmol/mol）远低于 CO_2 饱和点，光照充足时，较低的 CO_2 浓度往往是植物光合的限制因素，因此，增加 CO_2 浓度，将有利于光合速率的提高。

1. CO_2 施肥方法

如表 7 – 10 所示，CO_2 的增施（CO_2 enrichment）方法主要包括：通风换气、液态 CO_2（或干冰）、碳水化合物燃烧、化学反应、发酵、利用动植物产生的 CO_2 等（Louis – Martin et al.，2011）。目前，在中国，由于大部分设施结构简单，综合环境控制技术差，增施的 CO_2 主要采用成本较低的方法获得，例如：通风换气、化学反应和自然降解法等。在荷兰、日本等设施农业技术较高的国家，主要采用 CO_2 浓度可精确控制或可进行多目的应用的方法，例如，纯 CO_2（液体 CO_2 或工业副产品）和燃烧法（在冬季利用较多）。

表 7 – 10 CO_2 施肥方法

方法	来源	优点	缺点
通风换气法	利用天窗或侧窗，通过通风换气来补充设施内 CO_2，减小室内外 CO_2 浓度差	操作简单，无成本	只能将设施内 CO_2 浓度提高到设施外浓度水平，且受到时间限制，比如在冬季为避免设施内设施过低，不宜开窗
液体 CO_2 法	释放瓶装液体 CO_2	操作简单，可精确控制设施内 CO_2 浓度	成本较高，约 8 元/kg
固体 CO_2 法	施入地表或浅埋土中的固体 CO_2 颗粒气肥，借助光温效应自行潮解释放 CO_2	操作简单	CO_2 释放速度不易控制，因此设施内 CO_2 浓度无法进行精确控制
燃烧法	利用燃烧煤、油、天然气、沼气等碳水化合物释放的 CO_2	燃烧释放的热量可用于设施内加温	燃烧同时会产生一些大气污染物，如 SO_2，NO_x 等，未完全燃烧产生的 CO 会造成人身伤害，成本高
化学反应法	利用碳酸氢铵、碳酸氢钠或碳酸钙与稀硫酸（3∶1）进行化学反应产生 CO_2	反应剩余物可做肥料，成本较低	若温度过高导致碳酸氢铵分解，会产生氨中毒。硫酸对人、对物有腐蚀作用
酵解法	将有机物在酵母作用下酵解，或增施有机肥，将秸秆和畜禽粪便混合进行堆肥，利用微生物酵解产生的 CO_2	操作简单，成本低，同时可以提高土壤肥力	CO_2 释放速度不易控制，堆肥时可能同时会产生一些大气污染物，如 SO_2，NO_x 等

（续表）

方法	来源	优点	缺点
种植食用菌法	在栽培的空闲空间或在可以进行气体交换的设施中种植食用菌，利用食用菌释放的 CO_2	无成本	CO_2 释放速度不易控制，设施内 CO_2 浓度无法进行精确控制
养殖动物法	在设施旁边建设畜（禽）舍，利用畜禽呼吸产生的 CO_2	无成本，畜禽的粪便可以作为有机肥料	CO_2 释放速度不易控制，设施内 CO_2 浓度无法进行精确控制

不当的 CO_2 施肥方法会对植株造成伤害，如出现徒长、营养缺乏、加速老化，有时甚至会造成减产。表7-9中对各种常用方法的优缺点做了相关介绍（仝宇欣等，2014）。在进行方法选择时，应充分考虑设施栽培条件、栽培植物、环境控制条件、经济条件等因素，以取材方便、操作简单、安全可靠、无污染物影响植物生长和便于自动控制等为原则，合理选择一种或几种可以协同利用的方法，提高增施 CO_2 的利用效率和设施的经济效益。

（1）通风换气。在设施生产中，植物进行光合作用会消耗大量的 CO_2，若室内 CO_2 得不到及时补充，CO_2 浓度会迅速下降。在不通风情况下，CO_2 浓度会降低到植物 CO_2 补偿点以下。因此，通常需要打开天窗或侧窗进行通风换气来补充设施内 CO_2，减小室内外 CO_2 浓度差。此方法的优点是操作简单，无成本。其缺点是即使在通风的情况下，室内 CO_2 浓度也可能低于室外 CO_2 浓度，即使室内 CO_2 浓度能达到室外浓度水平，也远低于植物的 CO_2 饱和点，且受到时间限制，比如在冬季为避免设施内设施过低，不宜开窗。

（2）液态 CO_2。酒精酿造等工业的副产品，可以获得纯度99%以上的气态、液态和固态 CO_2。将气态 CO_2 压缩于钢瓶内成为液态，打开阀门即可使用，方便、安全，浓度容易调控，且原料来源丰富。

瓶装液态 CO_2 控制系统由 CO_2 钢瓶、减压阀、流量计、电磁阀、供气管道（图 7 - 9）及 CO_2 浓度传感器等组成。CO_2 传感器的测量范围为 0 ~ 5 000μmol/mol，检测精度为 ±30μmol/mol。为方便控制，钢瓶出口装设减压阀，将 CO_2 压力降至 0.1 ~ 0.15MPa 后释放。电磁阀的开启与设施内光照实行联动控制。CO_2 气体由钢瓶经减压恒流阀、流量计、电磁阀，通过布置管道或直接施放到靠近风机处的通风管道中，沿管长方向开设小孔将 CO_2 均匀送入设施内。瓶装液态 CO_2 释放方式操作简便，可精确控制设施内 CO_2 浓度，可作为设施内 CO_2 气源的首选方式之一。

图 7 - 9　瓶装液态 CO_2 及控制系统

（3）碳水化合物燃烧产生 CO_2。煤油、液化石油气、天然气、丙烷、石蜡等物质燃烧，可生成较纯净的 CO_2，通过管道送入设施内。1kg 天然气可产生 3kg（1.52m^3） CO_2，1kg 的煤油可产生 2.5kg（1.27m^3） CO_2。燃烧释放的热量还可用于设施内加温。燃烧后气体中的 SO_2 及 CO 等有害气体不能超过对植物产生危害的浓度，因此要求燃料纯净，并采用专用的 CO_2 发生器。这种方法便于自动控制，但运行成本相对较高。在国外的温室采用较多，一般不在人工光植物工厂内应用。

（4）化学反应法产生 CO_2。利用碳酸氢铵、碳酸氢钠或碳酸钙与稀硫酸（3∶1）进行化学反应产生纯净的 CO_2。使用方便，原料丰富价廉。但由于原料含有一些杂质，需注意减少化学反应的残渣余液（如硫化氢、氯化氢等）对环境的污染，同时强酸易对人体造成危害，操作时要注意安全。由于对化学反应产生的 CO_2 控制精度较难把握，一般在温室中使用，在人工光植物工厂内也较少使用。

2. CO_2 施肥浓度

对于植物而言，并非 CO_2 浓度越高越好。过高的 CO_2 浓度还会减小植物叶片气孔导度，降低植物蒸腾，使植株表现为营养缺乏，落叶，降低 CO_2 的利用效率，造成经济损失。因此，适宜的 CO_2 浓度应根据设施的密闭状况、植物的种类、品种、生育阶段和其他环境因子而定。一般蔬菜的 CO_2 饱和点都在 1 000 μmol/mol 以上，且随着光强增加而升高。实际生产中，在设施密闭性较好、室内光、温等环境条件较为适宜的条件下，增施 CO_2 的浓度，叶菜类蔬菜以 600 ~ 1 000 μmol/mol 为宜，果菜类蔬菜以 1 000 ~ 1 500 μmol/mol 为宜，生长发育前期和阴天取低限，生长发育后期和晴天取高限。

3. CO_2 施肥时间

选择适宜的 CO_2 施肥时间，可以提高 CO_2 的利用效率并增加产量。适宜的 CO_2 施肥时间根据植物不同生育阶段、栽培方式等的不同而有所变化。

同一种植物，在不同的生育阶段或采用不同的栽培方式，其利用 CO_2 进行光合的能力是存在差别的。多层立体栽培的叶菜类蔬菜或种苗生产，单位土地面积上的叶面积指数大，群落光合能力强，增施 CO_2 的利用效率高，CO_2 施肥可以在整个生育期进行。而在一般的设施果菜类栽培中，植物苗期的叶面积指数小，利用 CO_2 进行光合的能力较弱，增施 CO_2 的利用效率低，不宜施用。而在果菜类植物进入开花结果后期，CO_2 吸收量增加，增施 CO_2 可以促进果菜生殖生长，增产效果好。因此，在开花结果期，增施 CO_2

增产效果较明显。

一天当中 CO_2 施肥的适宜时间取决于室内 CO_2 浓度和光、温等环境条件。在相对密闭的设施内，由于夜间植物呼吸和土壤有机物经微生物分解释放的 CO_2 积蓄于室内，日出前，室内 CO_2 浓度较高，一般可达 $800\mu mol/mol$。日出后，植物开始进行光合作用吸收大量的 CO_2，室内 CO_2 浓度迅速下降，因此，CO_2 施肥应当在日出后半个小时左右进行。为避免高温对植物伤害，一般进行通风换气，所以，在通风前半个小时应停止 CO_2 施肥，避免浪费。14C 同位素跟踪试验表明，上午增施的 CO_2 在果实、根中的分配比例较高，而下午增施的 CO_2 在叶内积累较多。而植物全天光合产物的 3/4 在上午产生，可知，植物的光合作用主要在上午进行，因此 CO_2 施肥也应主要集中在上午。在光照强度较低的阴雨天，可不施或进行 CO_2 低浓度施肥。

CO_2 施肥时间的长短应因植物品种不同而异。研究发现，若对一些植物进行长期的 CO_2 施肥，会使光合产物在植物叶片中积累，使叶绿素浓度和光合反应酶的活性下降。对不同植物进行长期 CO_2 施肥试验表明，在进行 CO_2 施肥的初期，植物的净光合能力普遍增强，但几周后，植物的净光合能力则会下降到对照试验水平或更低。棉花在 $350\mu mol/mol$、$675\mu mol/mol$ 和 $1\,000\,\mu mol/mol$ 的 CO_2 浓度环境下生长 4 周后，高 CO_2 浓度增加了棉花的生物量，但由于碳水化合物，如淀粉，在植物叶片中的积累，分解了叶片中部分叶绿素，并降低了光合反应酶的活性，从而使叶绿素浓度和光合能力下降（Delucia and Sasek，1985）。烟草在 $1\,000\mu mol/mol$ 的 CO_2 浓度下生长几周后也出现了 20% 净光合能力的下降。高浓度 CO_2 可导致番茄叶片中光合产物积累使叶片光合能力下降。对植物进行长期 CO_2 施肥不会降低其光合能力。以大气 CO_2 浓度为对照，桉树在 $700\mu mol/mol$ CO_2 浓度下分别生长 12 个月、18 个月和 30 个月后，虽然叶片叶绿素浓度有所降低，但植物的光合能力却得到增强

（Eamus et al.，1995）。

第五节　通风对植物的影响及其调控措施

设施是一个封闭或半封闭的系统，依靠外围护结构与外界隔离，在不进行通风或无室内风机的情况下，室内风速很小，较低的风速会导致室内温度、湿度、CO_2浓度等环境因子的分布不均，直接影响植物生长发育的均匀性。另外，较低的风速还会减少植物的光合作用和蒸腾作用，因为低风速下叶片的边界层较厚，而CO_2和H_2O分子扩散的阻力会随边界层厚度的增加而增加（图 7 - 10）。一般当风速在 0.3～1m/s 时，随着风速增大，植物叶片的边界层阻力减少，气孔导度增大，增施 CO_2 的效果增加。若风速超过 1m/s，尤其是在较低的相对湿度环境下，再增大风速，会导致植物的部分气孔关闭，气孔导度降低，从而会降低植物的光合速率。

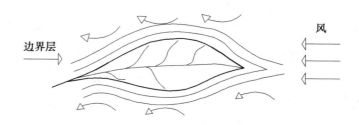

图 7 - 10　风对叶片边界层影响

1. 自然通风

自然通风（Nature ventilation）一般指设施借助室内外温度差产生的热压或室外自然风产生的风压促使空气流动。自然通风系统一般由通风窗（天窗或侧窗）、开窗的电机和控制器等组成。自然通风运行费用小，是一种比较经济的通风方式，在温室管理中，一般优先选择这种方式进行室内环境调控。但自然通风效果会受到温室所处的地理位置、地势和室外风速、风向等因素的影响。

2. 强制通风

强制通风（Forced ventilation）是指利用风机产生的风压强制空气流动或进行室内外空气交换。强制通风又可分为强制室内外空气交换和强制室内空气对流两种。强制室内外空气交换一般用于半封闭的温室内与湿帘联合使用，以达到增加室内风速，降低室内温度，减少室内湿度，增加 CO_2 浓度等目的。在面积较大或环境调控要求较高的温室内，仅靠自然通风无法满足要求时，通常需要设置强制通风系统。在安装风机时应首先计算所需的通风量，根据通风量来选择风机的功率与数量。强制室内空气对流用于密闭状态下的温室或密闭性较好的植物工厂内，以增加室内空气流动，促进环境因子的均匀分布。尤其在植物工厂内，一般为多层立体栽培，通过合理的气流分布以保证各栽培层环境因子的均匀分布尤为重要。强制通风操作方便，通风效果稳定，但需要一定的前期投资和维修费用，运行需要耗能。

设施园艺热泵技术及应用

105

应用篇

第八章

空气源热泵在设施环境综合控制技术中应用

设施利用的最初目的是减少冬季低温对植物生长影响，增加反季节蔬菜产量。

然而，近年来随着市场对设施农业产品需求的不断增加与温室技术的不断进步，如何开发一种高效可持续发展的生产系统，在提高产量与质量的同时提高经济效益成为设施农业发展的重大课题之一。多功能空气–空气热泵技术对设施内环境进行综合控制被认为是解决上述问题的一种有效措施。

第一节 设施环境综合控制意义

目前，园艺设施利用的主要目的在于为植物的生长发育提供优于自然气候的环境条件，实现周年稳定和高效的植物产品生产。由第七章可知，设施内各个环境因子对植物都存在直接或间接的影响，植物生长是各环境因子综合作用的结果。环境因子对作物的作用是不相等的，在一定条件下，可能只有一两个环境因子对植物生长起主要作用，如冬季温室内环境温度往往是对植物生长发育起主导作用的因子。而且一定情况下，某一环境因子在量上的不足可以由其他因子量的增加得到调剂。比如，增加 CO_2 浓度可以补偿由于光照强度不足引起的光合作用强度的降低。但是任何一个环境因子都是不可缺少的，不可替代的。2009 年，日本千叶大学前校长古在丰树教授给出了设施内环境综合控制（Integrated environmental control）对植物净光合速率或干物质积累的影响示意图（图 8 - 1）。图中表示在一定光照条件下，植物产量随着环境因子综合控制程度的提高而增大。

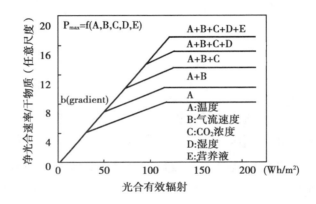

图 8 - 1   环境条件综合控制对植物净光合速率的影响

近年，随着空气源热泵技术快速发展，其性能系数不断增加。1988 年以来，空气源热泵的性能系数提高了 2 倍左右（图 8 - 2）。空气源热泵也逐渐被应用到设施中进行环境控制。利用空气源热泵进行设施内环境综合控制的优势如表 8 - 1 所示。

表 8 - 1   空气源热泵进行设施内环境综合控制的优势

优势	解析
室内环境均匀性好	气温、VPD、CO_2 浓度等空间分布较均匀
光合促进	空气扩散阻力和叶面边界层阻力减小
蒸腾促进	空气扩散阻力和叶面边界层阻力减小

（续表）

优势	解析
营养液吸收促进	蒸腾速率的增加促进根部对水和营养液的吸收
防止叶面结露	减少温室围护结构冷凝水滴到叶面上，促进叶面水分蒸发
减少病虫害发生	减少开窗时间，优化水蒸气饱和差，病虫害发生减少
零浓度差 CO_2 施肥法利用	开窗时使设施内外的 CO_2 浓度保持在同一水平，提高光合和 CO_2 利用效率

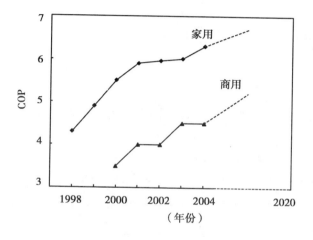

图 8 - 2　空气源热泵的性能系数

（古在丰树，2009，略修改）

第二节　空气源热泵在温室内环境综合控制中应用

如表 8 - 2 所示，空气源热泵可用于温室内冬季加温、夏季夜晚降温、白天降温并进行 CO_2 施肥、除湿与增湿以调控温室内水气压亏缺、同时可增加温室内空气循环。

设施园艺热泵技术及应用

表8-2　空气源热泵在温室内环境控制中的应用

功能	优势
冬季加温	降低一次能源消耗与 CO_2 排放
冬季晴天、春秋降温	降低叶温，避免开窗或延长开窗时间，并可同时进行 CO_2 施肥
夏季白天降温	降低叶温，延长开窗和 CO_2 施肥时间
夏季夜晚降温	降低叶温，优化水蒸气饱和差，防止病虫害发生
除湿	优化水蒸气饱和差，防止病虫害发生
集水	结露水的再利用，$10 \sim 50t/$（$hm^2 \cdot d$）
空气循环	增强光合速率，蒸腾速率，增加营养液的吸收，提高室内环境均匀度

第三节　热泵用于冬季温室加温

如图8-3所示，日本千叶大学在一个面积约为 $151.2m^2$ 塑料温室内导入10台功率为2.8 kW的小型空气源热泵，在另一个同样的温室内设置一台23.3 kW的燃油机，进行温室加温的性能比较。

1. 运行性能系数的比较

热泵与燃油机运行性能系数的分析数据显示（图8-4），热泵运行性能系数受室外气温影响较大。当室内气温控制在16℃左右，室外气温在 $-6 \sim 6℃$ 变化时，热泵平均性能系数约为4，最大值为5.8（Tong et al.，2012）。而燃油机能效值约为0.8，其能量利用效率受室内外环境条件的影响较小。

2. 在节能减排方面的优势

热泵一次能源消耗节省量不仅受其运行性能系数影响，还会受到室内外环境条件影响（图8-5和表8-3）。随着热泵性能系数增加，一次能源消耗量迅速降低。当室内温度维持在目标温度时，

图 8-3 空气源热泵与燃油机用于温室加温

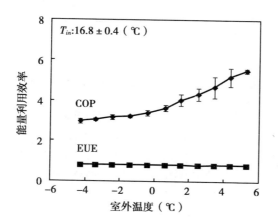

图 8-4 室外温度对热泵性能系数（COP）
和燃油机能效（EUE）影响

其能源消耗量随着室外温度升高而逐渐降低。

　　与燃油机相比，热泵能耗的节省率随着室外温度升高而增加，其原因为：①虽然燃油机能耗也会随着室外温度升高而降低，但由于温室加温负荷的减少使燃油机启动频繁，致使燃油机随着室外温度增加其能耗量减少较热泵缓慢；②在较高的室外温度下，热泵的除霜次数减少，其能耗减少率增加。然而，在同一室外温度下，随着室内目标温度的升高，热泵节能率降低。因为热泵运行效率还会受到温室加温负荷影响。当温室加温负荷与热泵制热功率之比在 0.6~0.8 时，热泵的性能系数最高，当温室加温负荷与热泵制热功率之比低于 0.6 或高于 0.8 时，其性能系数降低。

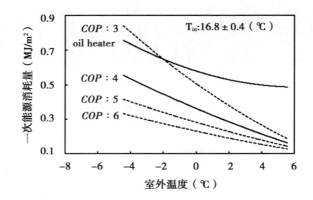

图 8 - 5　一次能源消耗与热泵 COP 值和室外温度的关系

表 8 - 3　与燃油机相比，利用热泵进行温室加温在不同室外温度与目标温度下的节能效果

室外气温 （℃）	目标温度 （℃）	节省量 （MJ）	节省率 （%）
	10	303 439	58
0.43	15	358 660	45
	20	192 307	18
	10	264 727	61
2.07	15	357 063	51
	20	297 015	30

（续表）

室外气温 （℃）	目标温度 （℃）	节省量 （MJ）	节省率 （%）
	10	196 571	65
4.44	15	323 992	57
	20	359 618	43
	10	73 729	70
8.07	15	205 211	64
	20	331 939	56

另外，利用热泵进行温室加温的经济性与燃油机所消耗的一次能源种类有关（表8-4）。在所需能量相同的情况下，利用天然气比煤的经济性高，使用电加热器的经济性最差。

设施园艺热泵技术及应用

表8-4 不同能源生成单位能量的价格

国家	能源	单位能源生成的能量 （MJ/unit）[1]	价格 （元/unit）[2]	产生单位能量的价格 （元/MJ）
中国	电	3.6MJ/kWh	0.5 元/kWh	0.14
	煤油	36.7MJ/L	2.8 元/L	0.08
	天然气	41.1MJ/Nm³	2.0 元/Nm³	0.05
日本	电	3.6MJ/kWh	0.8 元/kWh	0.22
	煤油	36.7MJ/L	7.2 元/L	0.20
	天然气	41.1MJ/Nm³	11.6 元/Nm³	0.28

[1] Kozai（2009）

[2] 北京电力公司，2010；东京电力公司，2010

由于 CO_2 的排放量与温室加温能耗量直接相关，因此，热泵在 CO_2 减排方面的优势及其影响因素与一次能源消耗相同（表8-5和图8-6）。热泵一般都是电驱动的，其减排效果还会受到发电厂所用能源的影响，发电厂利用可再生能源（如太阳能、风能、水能等）的比例越大，热泵的减排效果越好。

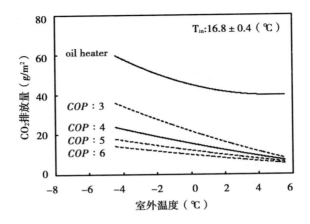

图 8 – 6　CO_2 排放量与热泵 COP 值与室外温度的关系

表 8 – 5　不同能源产生单位能量所排放的 CO_2 量

能源	单位能源产生的能量 （MJ/unit）		单位能源 CO_2 排放量 （$kgCO_2$/unit）	产生单位能量所释放的 CO_2 量（$kgCO_2$/MJ）
煤油[1]	36.7MJ/L		2.49$kgCO_2$/L	0.068
天然气[1]	41.1MJ/Nm^3		2.11$kgCO_2$/Nm^3	0.051
电[2]	3.60MJ/kWh	日本	0.38$kgCO_2$/kWh	0.105
		法国	0.05$kgCO_2$/kWh	0.014
		中国	0.71$kgCO_2$/kWh	0.197
		波兰	1.03$kgCO_2$/kWh	0.286

3. 蒸发器结霜问题

　　如第四章所述，当蒸发器表面温度在冰点或以下时，蒸发器表面凝结的露水开始凝结成霜。蒸发器结霜后，随着霜层的增加，传热热阻增大，热泵制热能力下降。当霜层增加到一定程度，热泵运行模式自动切换到除霜模式。一般热泵除霜是用四通阀将制热模式切换到制冷模式，室外机由蒸发器换成冷凝器，用冷凝器释放的热量融化霜层。如图 8 – 7 所示，当室外温度为 5.3℃ 与 9.0℃ 时，室外机基本无结霜发生。当室外温度为 – 2.9℃，室外机结霜，除霜时，室外机温度迅速升高。除霜时间与结霜量有关，随着室外温度升高除霜时间会有所缩短（图8-8）（Tong et al.，2010）。除霜时间间隔30分钟到2小时不等，除霜的参数一般由热泵制造商设计决定。

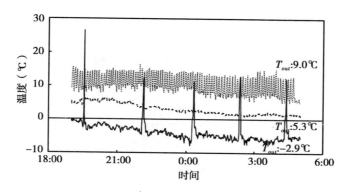

图8-7　不同室外气温下热泵蒸发器温度变化

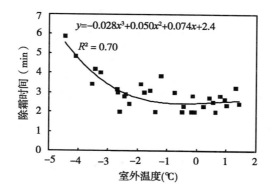

图8-8　除霜时间与室外温度关系

4. 温室内温度均匀性

一般热泵与燃油机的控温方式不同，热泵可由 PID 控制，而燃油机常用 ON/OFF 方式进行控制。如图8-9所示，由 PID 控制的温度较 ON/OFF 控制平滑，浮动小，尤其当室外温度较高，温室加温负荷较小时更明显。但是当热泵进行除霜时，室内温度会有所下降。

当导入多台小型热泵进行加温时，多台热泵在温室内均匀分布，并且其设置高度一般在 1.5m 左右，室内温度水平与垂直分布都较固定在温室一端的燃油机的均匀（图 8-10 和图 8-11）。

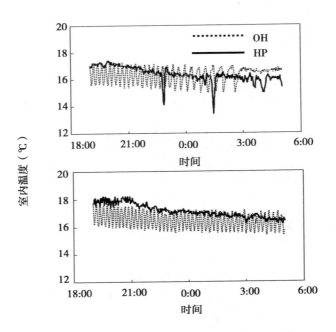

图 8-9　热泵（HP）与燃油机（OH）加温对室内温度影响

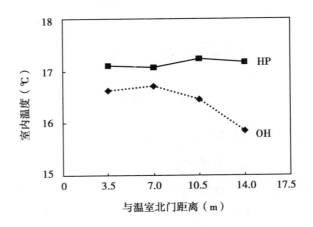

图 8-10　热泵（HP）与燃油机（OH）加温对室内温度水平分布影响

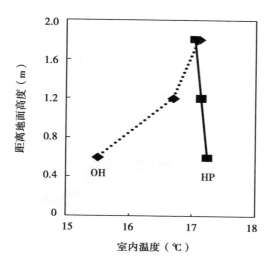

图 8－11　热泵（HP）与燃油机（OH）加温对室内温度垂直分布影响

第四节　热泵用于温室夏季夜晚降温

　　目前，温室内导入热泵的主要目的是为了温室加温，热泵兼具有降温和除湿的功能，所以可将热泵用于夏季夜间降温以提高设施产品产量和质量。

　　热泵用于夏季降温时的运行性能系数比冬季加温的高，可能原因是降温时室内外温差较冬季加温时小，并且室内高温高湿的环境条件也会提高热泵运行性能。如图 8－12 所示，当室内目标温度为 18℃时，热泵运行性能系数可达 10.7，显著降低了降温能耗（Tong et al.，2013）。

　　图 8－12 还显示室外气温为 24℃时，其系统 COP 最高。当室外气温在 24℃以下时，热泵运行性能系数随着室外温度升高而升高。当室外气温在 24℃以上时，热泵运行性能系数随着室外温度升高而降低。以上结果说明室外气温为 24℃左右时，温室降温负

设施园艺热泵技术及应用

119

荷与热泵功率之比在 0.6 ~ 0.8 范围内，超出这个范围，系统 COP
都会下降（图 8 - 13）。当多台热泵用于温室降温，其降温负荷又
较小时，减少热泵开启的台数可以提高系统运行效率。

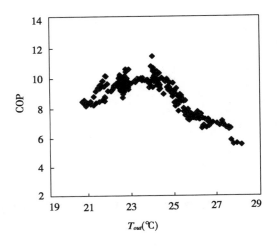

图 8 - 12　热泵降温的性能系数（COP）与室外气温（T_{out}）的关系

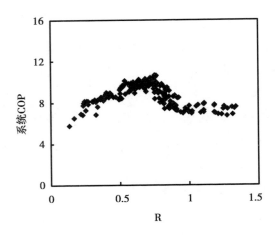

图 8 - 13　热泵降温的系统性能系数（COP）与温室降温负荷
与热泵功率之比（R）的关系

热泵运行时的显热比（Sensible heat factor, SHF）对其性能系

数也有影响，尤其用于温室降温时。热泵制造商一般将热泵设计为其显热比为 0.65 ~ 0.75 时，运行效率最高（Mitsubishi Electric Co. Ltd.）。图 8-14 也显示当室内显热比在 0.7 左右时，热泵运行效率最高。

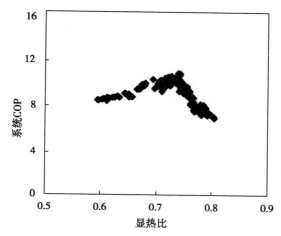

图 8-14　热泵降温的系统性能系数（COP）与室内显热比的关系

第五节　热泵用于温室夏季夜晚除湿

热泵降温的同时也在除湿，除湿量的多少与温室内植物大小、种植密度、热泵运行显热比等直接相关。热泵用于番茄（种植密度：2 颗/m^2）温室降温时，其除湿量约为 30 ~ 50g/（m^2·h），而番茄每天的耗水量约为 2kg/m^2。因此，若热泵每天降温 10h，每天收集的冷凝水作为番茄用水，则可以节水 15% ~ 25%。

热泵用于温室夏季夜间降温可显著提高坐果率、果重及可出售果数，并且夜温越低其产量越高（表 8-6）。对于果菜来说，昼夜温差大会提高其品质，如表 8-7 所示，与夜间不进行温度管理相比，增大昼夜温差可显著提高各段番茄甜度（林真纪夫等，

2009）。热泵用于玫瑰温室降温时，可以增加玫瑰采花枝数，提高花的品质（表8-8）（大须贺，2007）。

表8-6 夏季夜间温度管理对番茄果实产量的影响

室内温度	可出售果			总果		
	果数 （个/株）	果重 （g/株）	单果重 （g）	果数 （个/株）	果重 （g/株）	单果重 （g）
20℃	7.4	1 147	152	10.9	1 596	145
30℃	5.8	839	148	9.1	1 351	151
对照	3.4	435	128	8.6	1 257	147

表8-7 夏季夜间温度管理对番茄果实糖度的影响

室内温度	果实糖度（%）		
	1 段果	2 段果	3 段果
20℃	6.9	8.1	8.7
15℃	6.7	7.7	8.2
对照	6.4	7.3	7.8

表8-8 夜间降温对玫瑰采花枝数的影响

处理	8 月	9 月	10 月	11 月	平均	总计
降温	22.6	25.3	24.2	24.7	24.2	96.8
对照	10.5	15.3	25.8	14.7	16.6	66.3

第六节 热泵用于温室白天降温并进行 CO_2 施肥

在夏季的白天，由于太阳辐射作用，温室内降温负荷随着太阳辐射强度增大而升高。仅利用热泵降温很难将室内温度控制在目标值，尤其在正午时分，太阳辐射强度很高的时候（大于 600 W/m^2），一般需要开窗进行自然通风换气降温。但是利用热泵可以延迟温室的开窗时间，从而增加 CO_2 施肥时间。下午，当太阳辐射强度不是太高的时候，提前关窗进行 CO_2 施肥。

　　我们知道，植物生长受各种环境因子的影响，各环境因子之间对植物影响是相辅相成的。如图 8-15 所示，在较高的 CO_2 浓度下，植物最适叶温会有所升高。同理，在较高的光强下，植物的 CO_2 饱和点也会升高。因此当用热泵进行温室白天降温时，可以提高温室开窗温度，延长在较高太阳辐射强度下 CO_2 施肥时间。热泵用于温室降温同时进行 CO_2 施肥的优势如表 8-9 所示。

表 8-9　热泵用于温室降温同时进行 CO_2 施肥的优势

优势	解析
延长 CO_2 施肥时间	设施密闭性较高时，可以将 CO_2 增施到较高浓度，如 1 000mg/kg 以上
提高增施 CO_2 利用效率	在较高的太阳辐射下，CO_2 的利用效率也较高，设施密闭性高，减少了 CO_2 逸散率
增大换气温度	在较高的 CO_2 浓度下，光合所需的最适温度提高

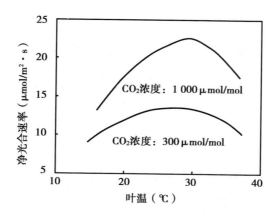

图 8-15　净光合速率与叶温和 CO_2 浓度的关系

　　由图 8-16 中净光合速率对 CO_2 浓度和光合有效辐射（PAR）

的响应可知，只要将室内温度控制在植物生长适宜范围内，在较高的辐射强度下进行 CO_2 施肥可以提高 CO_2 利用效率和光的利用效率。因此，一般在太阳辐射强度较高时（比如，在 1d 中 9：00 ~ 15：00）施用 CO_2 的效果最佳。

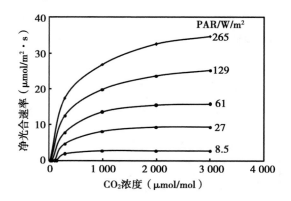

图 8 – 16 净光合速率与 CO_2 浓度和光合有效辐射（PAR）的关系

第七节 热泵性能系数的确定

单个空气源热泵性能系数（COP）可用定义法进行计算：

$$COP = \frac{m(i_{inlet} - i_{outlet})}{W_{hp}} \qquad (8-1)$$

式中，

m：热泵室内机出风口风量，kg/s。

i_{inlet}：热泵室内机进风口焓值，kJ/kg。

i_{outlet}：热泵室内机出风口焓值，kJ/kg。

W_{hp}：热泵耗电量，W。

当设施内导入多台热泵时，由于热泵运行时间不一致，系统 COP 值则不能直接用式 8 – 1 进行计算。系统 COP 值可分析设施能量平衡（图 8 – 17）求得：

$$COP = \frac{Q_{hp}}{W_{hp}} \qquad (8-2)$$

当热泵用于温室夜晚加温，由简化温室能量平衡方程可得：

$$Q_{hp} = Q_t + Q_v + Q_g \qquad (8-3)$$

式中，

Q_{hp}：温室内获得总热量，W。

Q_t：围护结构传导、对流和辐射的热量，W。

Q_v：冷风渗透热量，W。

Q_g：地中传热量，W。

$$Q_t = A \cdot h_t \cdot (T_{in} - T_{out}) \qquad (8-4)$$

式中，

A：围护结构传热面积，m^2。

h_t：围护结构总的传热系数，W/（$m^2 \cdot K$）。

T_{in}：室内设计温度，℃。

T_{out}：室外设计温度，℃。

$$Q_v = A \cdot h_v \cdot (T_{in} - T_{out}) = K \cdot N \cdot V \cdot (i_{in} - i_{out}) \qquad (8-5)$$

式中，

h_v：冷风渗透系数，W/（$m^2 \cdot K$）。

K：空气密度，kg/m^3。

N：温室换气次数，h^{-1}。

V：温室体积，m^3。

i_{in}：室内空气的焓，kJ/kg。

i_{out}：室外空气的焓，kJ/kg。

$$Q_g = A_g \cdot q \qquad (8-6)$$

式中，

A_g：温室地面面积，m^2。

q：地面传热系数，W/（m² · K）。

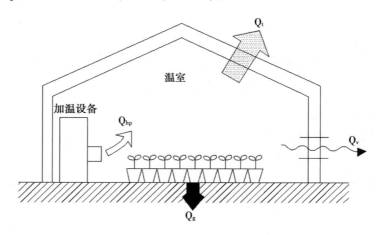

图 8 – 17　夜间温室热量的平衡

第八节　导入热泵功率及其台数的确定

　　设施内导入热泵时，要先利用热量平衡方程计算设施加温负荷和降温负荷。一般夏季夜晚降温负荷较冬季加温负荷小，10a 的温室室温比室外温度降低5℃的情况下，必要的降温负荷约为14.7 ~ 18.4kW 时，同面积的温室满足最大加温负荷的功率可为29.4 ~ 36.8kW。当室外温度较低时，热泵运行效率降低，为使温室维持在目标温度，则需要导入较大功率的热泵，前期投资费用大。而当室外气温升高时，温室加温负荷降低，热泵运行效率降低。因此，根据温室最大加温负荷确定导入热泵功率非常不经济。

　　为了使室内环境分布均匀，建议导入多台小功率热泵。由于每台热泵运行时间不一致，可以减小热泵除霜时对室内温度的影响。另外，当一台热泵不工作时，其他的热泵还可以将室内温度维持在目标温度，从而避免对室内植物的破坏性影响。多台热泵也可以满足大型温室（1 000m² 以上）内环境控制（图8－18）。

面积:2 400m²

图 8 － 18　空气源热泵在大型温室内利用

设施园艺热泵技术及应用

127

第九章

空气源热泵在植物工厂环境控制技术中的应用

　　植物工厂（Plant factory）作为 20 世纪现代农业的一种创新的植物生产模式，是一种通过设施内高精度环境控制，实现作物周年连续生产的高效农业系统，是由计算机对作物生育过程的温度、湿度、光照、CO_2 浓度以及营养液等环境要素进行自动控制，不受或很少受自然条件制约的全新生产方式（杨其长等，2012）。植物工厂根据其利用光源的不同，可分为人工光植物工厂和自然光植物工厂，本章所涉及到的植物工厂主要指人工光植物工厂。

　　与传统农业相比，人工光植物工厂优势主要表现在：摆脱了自然环境的限制，实现了周年稳定生产；大幅提高了作物产量、质量和投入资源（土地、水等）的利用效率；产品安全无污染，可就近消费，大大减少了从产地到餐桌的长途运输能耗、物流成本和碳排放；建设地选择灵活，操作省力，机械化程度高，为都市农业的发展提供了技术支撑（Kozai，2012）。因此，近年人工光植物工厂在国内外，尤其在亚洲地区，备受关注。

　　植物工厂虽然拥有众多优势以及广泛的社会需求，但在实际应用中也面临诸多瓶颈，如初期建设成本过高、能耗较大以及如何获得经济效益等，突破这些瓶颈是实现植物工厂持续健康发展的重中之重。

第一节　植物工厂能耗分布

　　自植物工厂发展以来，能耗一直是影响植物工厂发展的主要"瓶颈"。研究显示，能耗成本约占人工光植物工厂运行成本的30%～50%（Fang，2013；魏灵玲等，2007）。由表9-1可知，人工光植物工厂能耗主要来自人工光源和热泵耗能，因此，减少人工光源和热泵能耗是减少植物工厂运行成本的关键。研究表明，LED节能光源及其节能措施在植物工厂中推广应用，可减少人工光能耗50%以上（Li，et al.，2014；Li，et al.，2016；Yamada，et al.，2000）。采用引进室外冷源与热泵结合的节能控温方式可减少降温能耗20%以上（Wang，et al.，2016）。

表9-1　植物工厂的能耗分布

数据来源	人工光	热泵	其他
	%	%	%
Ohyama et al.（2002）	72～86	7～16	5～15
Ohyama et al.（2003）	76	16	8
Yokoi et al.（2003）	73	12	15

第二节　空气源热泵用于植物工厂环境控制的优势

　　为了降低植物工厂降温能耗，并进行植物工厂综合环境管理，植物工厂内一般采用多功能空气源热泵进行室内降温、除湿等环境条件控制。利用空气源热泵进行植物工厂内环境控制技术的优势如表9-2所示。

設施園艺热泵技术及应用

表9-2　空气源热泵用于植物工厂环境控制技术的优势

功能	利点
降温	降低室温，优化水蒸气饱和差，提高能源利用效率
冬季暗期加温	控制室温，控制呼吸速率在合理的范围
除湿	优化水蒸气饱和差，防止病虫害发生
集水	结露水的再利用，提高水利用效率
空气循环	增强光合速率，蒸腾速率，增加营养液的吸收，提高室内环境均匀度

第三节　室内温度管理

　　人工光植物工厂的围护结构采用是保温不透光材料，密闭性好，换气次数小。另外，植物工厂一般采用 LED、荧光灯等人工光源为植物生长提供所需要的光源。由于人工光源在发光的同时会产生大量的热量，使室内温度升高。为了使室内温度控制在目标温度，大部分时间需要进行室内降温。降温能耗约占全年空调能耗的 90%（朱本海等，2006；Ohyama 等，2001；Nishimura 等，2001）。因此，减少人工光植物工厂降温能耗，降低运行成本，已经成为人工光植物工厂的关键课题。

1. 热泵用于室内降温的优势

　　一般情况下，利用热泵进行温度管理时，蒸发器在低温侧吸热，冷凝器在高温侧放热，比如热泵用于温室冬季加温、夏季降温。然而，由于植物工厂内大部分时间都需要进行降温管理，当热泵用于植物工厂冬季降温时，蒸发器在高温侧吸热，冷凝器在低温侧放热，此时热泵的运行效率会显著提高。由图 9-1 和图 8-4 可知，热泵用于植物工厂冬季降温的性能系数约为冬季加温性能系数的 2.5 倍（Tong et al.，2015）。

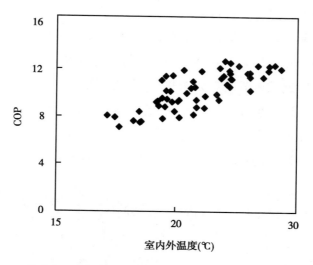

图 9 - 1　植物工厂冬季降温性能系数（COP）受室内外温差的影响

2. 热泵用于室内降温的劣势

由第六章可知，为使植物工厂常年稳定运行，室内所导入热泵的功率一般是根据具有最大降温负荷的明期而定的。而在暗期，植物工厂内降温负荷远小于热泵的制冷能力，故暗期热泵处于"大马拉小车"的低效率运行状态，不但会造成热泵的频繁启停，增大压缩机的磨损程度，还会增加热泵的降温耗电量，造成能源的浪费，长期运行还会减少热泵使用寿命（王君等，2013）。如图 9 - 2 所示，热泵用于植物工厂降温时，明期冷凝器进出口温度，风速和热泵耗电量均较稳定，随时间变化不明显，而在暗期波动较大，说明在降温负荷较低的暗期，热泵启停较频繁。

为了避免热泵频繁启停，尽量减少热泵在低降温负荷下运行时间，提高热泵运行性能系数，可以考虑采用以下几种方法。

（1）利用可以变频调控的热泵，并采用 PID 控制，而不是 ON/OFF控制。

（2）在同时导入多台热泵进行室内环境调控时，可根据室内降温负荷来确定热泵运行台数。

（3）明暗期交错运行，即不设定明显的明暗期，使室内全天的降温负荷分配较均匀。明暗期交错运行，还可以减少导入热泵的功率，减少前期投入成本。如图9-3中人工光源的耗电量随时间的分布可知，通过植物工厂内不同栽培架的明暗期交错运行，大幅减少了热泵在低降温负荷下运行时间。

（4）引进室外冷源协同热泵降温，详见第九章第四节的内容。

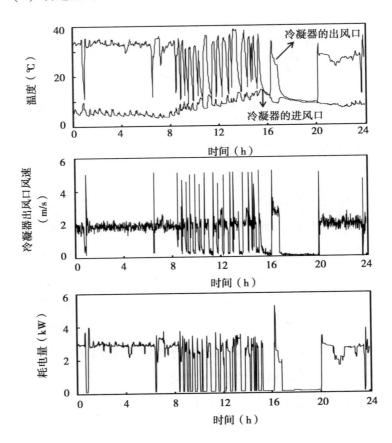

图9-2　热泵用于植物工厂降温时，冷凝器进出口温度，
风速和热泵耗电量随时间变化

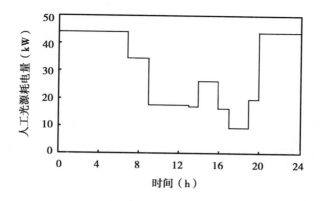

图 9 - 3　植物工厂人工光源耗电量随时间的变化

第四节　植物工厂降温节能措施

1. 提高围护结构热特性

植物工厂内外的热交换主要通过两种形式（Ohyama et al.，2000），一是通过维护结构的热传导，其传热效果主要由维护结构材料的导热系数决定。为了减少植物工厂内外的热交换，需要采用导热系数小的材料，如玻璃棉，硬质聚氨酯板等。二是通过空气对流，植物工厂内外的热交换是由于维护结构的气密性差、室内外换气次数大引起的。据 Kozai 等（2012）报道，由热传导和空气对流造成的热损失的最大百分比夏季为 - 0.18%，冬季为 25%。因此，选用良好的绝缘材料作为植物工厂的维护结构并增强其气密性，可以增强植物工厂内部环境可控性，降低室内夏季的制冷负荷和冬季暗期的制热负荷，从而降低运行成本。

2. 提高人工光源利用效率

Yamada 等（2000）研究表明，人工光源的散热量占空调制冷

设施园艺热泵技术及应用

133

量的95％，因此提出根据植物苗的生长状况分档控制灯的使用数量，可以减少灯的散热量。也可以在植物不同生长阶段通过使用可以自由升降的光源板来提高灯的利用效率（图9－4）。2010年，在日本千叶大学建设的人工光利用型植物工厂则通过在培养架上安装反光板来提高光源的有效利用率（图9－5）。近年，随着LED（发光二极管）节能光源的开发应用，一些学者通过利用散热量较少的LED光源代替散热量大的荧光灯以减少系统能耗与运行成本（Bergstrand and Schüssler，2012；Martineau et al.，2012；Fujiwara et al.，2011）。渡边博之等（1997）研究表明在LED灯板上面加循环冷水或风扇之类的辅助散热装置可减少降温能耗（图9－6）。

图9－4　升降光源板用于提高光源利用效率

3. 利用新能源

清洁可再生能源，如：太阳能、风能、生物质能等，在植物工厂中的应用近年来正在成为研究热点（陈慧子等，2013；鲍顺淑等，2008）。日本三菱化学公司自2009以来，利用太阳能光伏发电与LED结合技术，在人工光植物工厂中安装了18kW的太阳能光伏发电装置用于系统运行，以减少对外部能源的依赖。杨其长等（2012）报道一些学者试图通过利用风能或生物质能等转化为电能储存在蓄电池中为植物工厂内设备所用。村濑治比古等研究利用光

图 9－5　反光板用于提高光源利用效率

图 9－6　循环冷水在降低 LED 散热量中应用

纤技术将太阳光引入植物工厂以减少人工光源能耗。值得注意的是目前以上方式效率都不是很高，而且会增加前期投入，其应用还会受到地域和环境条件的限制，因此，新能源在植物工厂内应用还有待进一步研究开发。

4. 引进室外冷源

由第九章第三节的内容可知，热泵在较低的降温负荷下运行会

设施园艺热泵技术及应用

135

大幅降低其运行性能系数，因此，避免或减少热泵在较低的降温负荷下运行是减少植物工厂降温能耗的关键。在中国北方地区，春、秋、冬三季的室外温度一般都低于植物生长所需要的最适温度，即存在室外冷源。以北京地区为例，春、秋、冬三季的最高平均室外温度都低于25℃，即为植物工厂内栽培植物生长所需要的最适温度上限（图9-7）。当植物工厂外温度低于室内温度并且可以将室内温度控制在目标范围内时，充分利用植物工厂外冷源，利用风机引进室外无限免费的冷源来降低室内温度，以低功率的风机减少高功率的热泵进行植物工厂内降温的运行时间，来减少降温耗电量。

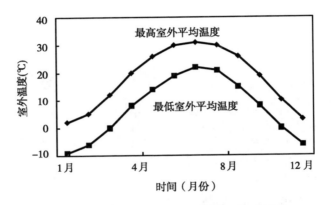

图9-7 北京地区全年最高平均温度和最低平均温度

　　引入室外冷源降温方式的节能效果如图9-8所示。从图中可知，当室内外温差在20.2~35.7℃范围内时，风机每小时耗电量为0.11~0.58MJ，与风机协同降温热泵的耗电量为0.32~0.04MJ，仅采用热泵进行植物工厂降温的耗电量为0.86~0.47MJ。由以上数据可知，利用引进室外冷源与热泵结合的降温方式比仅利用热泵节能15.8%~73.7%（Wang et al.，2016）。

　　从图9-8可以看出，与风机协同降温热泵的耗电量远小于仅采用热泵进行植物工厂降温的耗电量，可见引进室外冷源显著降低了热泵的运行时间，尤其在低降温负荷下的运行时间，从而减少了热泵的频繁启动及在低性能系数下的运行。

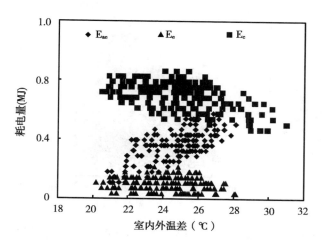

图9-8　植物工厂内外温差对降温设备耗电量的影响

引入室外冷源降温设备运行的电能利用效率如图9-9所示。当室内外温差为20.2～30.0℃，引进室外冷源风机的一次能源利用效率为18.6～32.9，平均为25.6。与风机协同降温热泵的性能系数为4.2～18.2，平均为9.0。仅采用热泵进行植物工厂降温的性能系数1.6～16.8，平均为7.5。可见，引进室外冷源风机的电能利用效率约是热泵性能系数的3.4倍。引入室外冷源较高的运行电能利用效率是因为采用功率较低的风机将高温湿空气与室外干冷空气直接交换的结果，这也是引进室外冷源比较节能的原因。

（1）风机启动临界室外温度的确定。当室外温度低于某一值时，利用风机引入室外冷源可将植物工厂内温度控制在目标范围内，此时的室外温度即为风机启动的临界室外温度，临界室外温度（T_{out}'）可由下式计算确定：

$$T_{out}' \leqslant T_{in} - \frac{Q_{in}}{C_p \cdot \rho \cdot V_f}$$

式中，

T_{in}：植物工厂内目标温度（℃）；

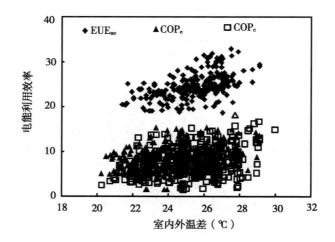

图9－9　植物工厂内外温差对降温设备电能利用效率的影响

C_p：空气的定压比热容，1 005J/（kg ℃）；

ρ：空气密度，1.185kg/m³（空气温度为25℃时）；

V_f：风机风量，m³/s。

（2）室内温度设定。在引进室外冷源时，为了减少系统的频繁启动，一般将室内温度（T_i）控制在一个允许波动范围内 $T_1 < T_i < T_h$（T_h 为植物工厂内设定的温度上限，T_1 为植物工厂内设定的温度下限）。当 $T_1 > T_o$（外界空气温度），同时 $T_i > T_s$（室内设定的目标温度）时，开启风机引进室外冷源进行植物工厂降温。若 T_i 持续下降至 T_1 时，风机自动关闭。若 T_i 无法控制在 T_h 以下，风机自动关闭同时开启热泵降温，直至 T_i 降至 T_s。如图 9－10 所示，引进室外冷源与热泵协同的方法可将室内温度控制在允许的温度范围内。

（3）零浓度差 CO_2 施肥法的利用。零浓度差 CO_2 施肥法即是指当室内 CO_2 浓度低于室外水平时，为了使室内外 CO_2 浓度基本保持一致而应用的一种施肥方法（图9－10）。因为室内外 CO_2 浓度一致，即使设施的换气窗全部开启，换气次数较大，或者说，即使设施在充分通风的情况下，增施的 CO_2 也不会逸散到室外，增施的 CO_2 全部被植物所吸收利用，增施 CO_2 的利用效率达到100%。

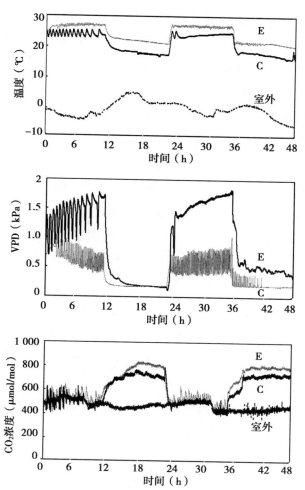

图9-10　引进室外冷源与热泵协同降温（E）和仅利用热泵（C）进行降温的植物工厂内温度、CO_2 浓度和VPD随时间的变化

在引进室外冷源时，植物工厂处于通风状态，其换气次数一般在 10 h 以上，若室内 CO_2 仍增施到高浓度，那么增施的 CO_2 90%

以上将逸散到室外，不但造成经济损失，而且增加产生温室效应 CO_2 的排出量。研究表明，即使在通风状态下，由于植物的光合作用，室内 CO_2 浓度急剧下降，若不进行 CO_2 施肥，植物工厂内 CO_2 会低于大气 CO_2 水平（室内外浓度差为 $50 \sim 100 \mu mol/mol$），甚至接近于 CO_2 补偿点（Tongbai，2010）。较低的 CO_2 浓度将严重影响植物的光合作用，由植物的 CO_2 响应曲线可知，在植物的 CO_2 补偿点至 500mg/kg 左右，植物的净光合速率随着 CO_2 浓度的增加几乎成直线增长关系。因此，增施 CO_2 到室外浓度水平可以在很大程度上提高植物的净光合速率。

据古在丰树教授试算，假设植物 CO_2 补偿点为 100mg/kg，在其他环境因子不变的情况下，CO_2 浓度由 285mg/kg 提高至 385mg/kg 时，植物净光合速率提高约 1.5 倍：$(385 \sim 100) / (285 \sim 100) = 285/185$。大气中 CO_2 浓度会随季节和昼夜而发生变化，目前大气平均 CO_2 浓度一般在 $380 \sim 400$mg/kg，有些城市可达到 500mg/kg。以大气中 CO_2 浓度为 500mg/kg 为例，采用零浓度差 CO_2 施肥法可将植物净光合速率提高约 2.2 倍：$(500 \sim 100) / (285 \sim 100) = 400/185$。

利用引进室外冷源与热泵协同降温的方式可以减少植物工厂的耗电量，但是为了使上述方法更有效的运行还有待进一步的研究根据室外温度来选择风机的风量和热交换方式，并构建空间温度场和气流场的数字模拟模型，测定温度和气流空间分布规律，分析室外冷源对温度空间分布影响和目标植物响应特性。

第五节　室内湿度管理

在植物工厂内，由于营养液水分蒸发和植物蒸腾作用，使室内空气中水蒸气含量增加，尤其当室内温度不变或下降时，相对湿度增加更明显，有时甚至可达 96% 以上。因此，必须进行湿度管理。

由于热泵大部分时间都用于植物工厂降温，同时可以起到除湿的作用，其工作原理如图9－11所示。据日本千叶大学古在丰树教授的计算，一座植物工厂营养液用水量若为2 100kg，实际被植物吸收利用的可能仅为42kg，植物蒸腾和营养液蒸发的水蒸气约2 058kg。由于植物工厂密闭性好，几乎没有水蒸气逸散到室外，逸散损失的可能为58kg。因此，约有2 000kg的水蒸气可以通过热泵进行回收再利用。由此可知，植物工厂的水资源利用效率可达97%，远高于温室内水的利用效率：（2 100～2 058）/2 100kg =0.02（古在丰树等，2008）

　　值得注意的是当植物工厂内需要加温和除湿同时进行时，由于除湿会使室内温度下降，所以需要热量来补充，而空调除湿过程中会产生热量，正常时都会将热量排到室外，为了节省能量，应该将除湿时释放的热量进行再回收。

设施园艺热泵技术及应用

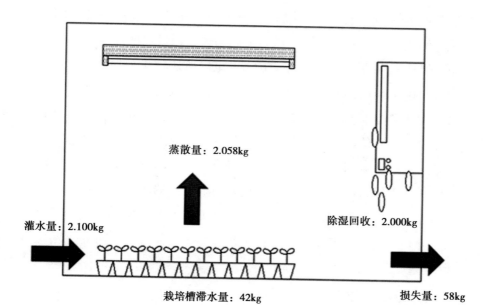

蒸散量：2.058kg

灌水量：2.100kg

除湿回收：2.000kg

栽培槽滞水量：42kg

损失量：58kg

图9－11　植物工厂内水分循环

第六节　室内风速管理

设施内气流速度不但会影响植物的光合作用、呼吸作用和蒸腾作用等生理活动，还会直接影响其他环境因子，如：温度、湿度、CO_2 浓度等的均匀分布。由于植物工厂密闭性好，室内气流速度的控制需要采用强制通风方式。然而，在进行植物工厂内环境控制时，对植物工厂内通风方式关注的还比较少。植物工厂内不同通风方式对环境因子及植物的影响还有待进一步深入研究。

1. 小型植物工厂内通风方式

对于小型植物工厂（宽度在 2~4m 左右），即室内一般放两排培养架的植物工厂（图 9-12），其通风方式一般包括顶进风侧回风、侧进风顶回风、一侧进风另一侧回风、顶进风底回风、底进风顶回风等通风方式，不同通风方式下室内风速理论分布如图 9-12 所示。由于利用顶进风底回风和底进风顶回风的方式，即使在通风量很大的情况下，植物冠层产生的风速也很小，因此，生产上用的比较少。与其他通风方式相比，采用一侧进风另一侧回风的方式，栽培空间的气流速度和环境因子空间分布会更均匀一些。顶进风侧回风和侧进风顶回风的方式在垂直方向上分布的均匀性需要通过合理的进风或回风口设计来达到。在植物工厂各种通风方式下，室内风速分布、运行成本及其对植物生长的影响还需进一步研究，以设计出植物工厂最优的通风方案。

2. 大型植物工厂内通风方式

在大型植物工厂内，采用图 9-12 中通风方式将很难保证气流速度在空间上分布的均匀性。一般采用的方式包括：①栽培架气流自循环法，即在每层栽培架上安装小型循环风扇，增大植物生长空

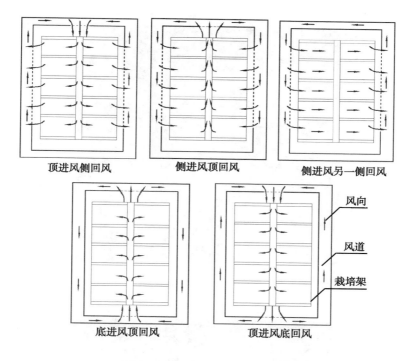

顶进风侧回风　　　　侧进风顶回风　　　　侧进风另一侧回风

底进风顶回风　　　　顶进风底回风

风向

风道

栽培架

图9-12　植物工厂内通风方式

间的气流速度（图9-13）；②送风管道法，即在每层栽培架旁放置送风管道，将合适温度和湿度的空气与CO_2混合后的气体均匀送到植物生长空间（图9-14）；③循环风扇法，在植物工厂内各个栽培架中间设置循环风扇以增加室内气流速度（图9-15）。

图9-13　栽培架气流自循环

［图片来源于（古在丰树，2009）］

设施园艺热泵技术及应用

143

图 9 – 14　送风管道法

图 9 – 15　循环风扇法

第十章

热泵与燃油机协同加温方法

在温室内导入热泵时，为了降低初期投资和提高其运行效率，一般不以温室的最大加温负荷为标准来选择热泵功率，而应以热泵能大部分时间运行在其最大性能系数的加温负荷为准。另外，我们知道空气源热泵的性能系数受其运行环境的影响较大，当室外温度较低时，热泵的性能系数和加温能力下降。由于以上原因，为了保证温室内温度即使是在全年最冷的几天也能维持在植物生长最低温度之上，可以利用热泵与燃油机协同的加温方法。既能充分发挥先前导入的燃油机的作用，又能满足温室最大加温负荷要求，还可以降低热泵导入时的成本。

第一节　加温方式

热泵与燃油机协同加温方式如图 10 − 1 所示。热泵一直运行进行温室内加温，当室外温度较低，仅利用热泵不能将室内温度控制在目标温度时，同时运行燃油机进行补充。一般热泵与燃油机协同加温时，热泵可负担温室加温负荷的 75% 左右，燃油机负担剩余的 25%（古在丰树，2009）。

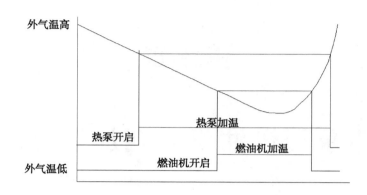

图 10 – 1　热泵与燃油机协同加温方式

第二节　协同加温优势

热泵与燃油机协同加温方法的优势如下。

（1）充分利用现有装置，减少热泵初期投资。

（2）减少一次能源消耗，降低运行费用，重油价格较电费高。

（3）减少温室气体 CO_2 排放量。

（4）室外温度较低，热泵加温能力下降，除霜运行时，可由燃油机进行室内加温。

（5）导入的热泵还可以用于温室内其他环境控制，如降温、除湿和增加空气循环等。

第三节　调控方法

热泵与燃油机协同加温时，在保证室内温度控制在植物生长允许的目标温度范围内，为了尽量降低加温能耗，应首先应用热泵加温，尽量不启动或缩短燃油机的加温时间。如图 10-2 所示，燃油机的启动温度比热泵低，当仅用热泵不能将室内温度控制在植物生长允许温度的下限时，启动燃油机进行加温。热泵设定温度与燃油机设定温度差一般为 2~3℃，温度差太小，会造成热泵跟燃油机的频繁启动，使热泵与燃油机协同加温节能效果降低。

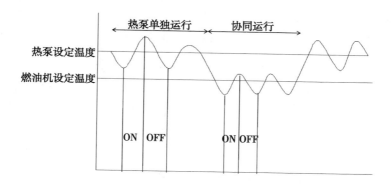

图 10-2　热泵与燃油机协同加温控制模式

第四节　方法拓展

同理，在夏季可以应用热泵与喷雾协同降温方法。夏季的晴天温室内降温负荷很大，根据温室最大降温负荷导入热泵将非常不经济。如图 10-3 所示，室外气温较低时，优先运行热泵，当仅用热泵不能将室内温度控制在植物生长的上限温度时，开启喷雾系统进行协同降温。热泵与喷雾协同降温优势：①热泵降温的同时也在除湿，从而增加喷雾降温的效果，避免室内相对湿度过高的问题；②喷雾降温提高了室内湿度，增加了热泵蒸发器潜热能，提高热泵降温性能系数；③降温能力的提高，可以推迟温室开窗时间，增加

设施园艺热泵技术及应用

高太阳辐射下增施 CO_2 的时间，提高光能利用效率和增施 CO_2 利用效率。

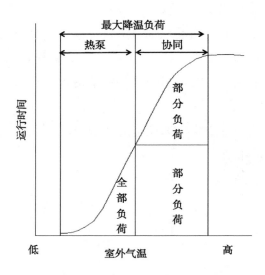

图 10 – 3 　热泵与喷雾协同降温运行模式

第十一章

其他热源热泵在设施园艺中应用

除空气源热泵外，在设施园艺温度调控中常用的热泵有水源热泵（Water source heat pump）、土壤源热泵（Ground source heat pump）和太阳能辅助热泵（Solar assisted heat pump）等，各种热源热泵的理论循环如图 11 – 1 所示。不同热源热泵的优缺点如表 11 – 1 所示。

表 11 – 1   设施园艺中不同热源热泵的特点

热（冷）源	热源	优点	缺点
室外空气	环境空气	1. 无限利用 2. 安装方便 3. 透支低	1. 冬季室外温度低时，低性能系数，低加温能力 2. 需要辅助加热 3. 无储存效应 4. 噪声大
水	深井水 地下水	1. 具有适合循环和流动的水温 2. 水温相对稳定，性能系数高	1. 不循环的水温度较低 2. 需要得到水资源部门的许可 3. 对水质有要求，需要过滤
土壤	浅层土壤	1. 潜在的无限可用 2. 温度相对恒定，性能系数高 3. 有储存效应 4. 仅需要小量的土壤面积	1. 相对透支高 2. 能力依赖于土壤的热物性和热交换器面积 3. 前期投资高 4. 需要授权

（续表）

热（冷）源	热源	优点	缺点
太阳能	太阳能	1. 无限利用 2. 透支低	1. 能力依赖于天气和热交换器面积 2. 无储存效应 3. 前期投资高 4. 较大占地面积

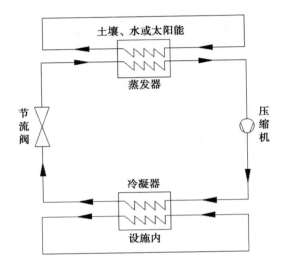

图 11-1　水源、土壤源和太阳能辅助热泵理论循环

　　除了以上单一热源热泵外，还有综合利用土壤、空气、水、太阳能等热源的多热源热泵，以充分发挥各热源优势，避免单一热源的缺点。比如：使用空气和水双热源的热泵，即在环境温度高时，热泵使用空气作为低温热源，在环境温度低时再改用水作为低温热源。

第一节　水源热泵

　　水是一种理想的热源，在水源丰富或有废水的地方，利用水源热泵可以取得较高的运行效率。一般情况下，设施中利用水源热泵的热源为深井水、地下热水或设有蓄水装置等，周年温度变化较小。水源热泵采用水－空气或水－水的形式，通常不需要辅助热源，不但可以用于冬季加温还可以实现夏季降温，热泵加温/降温能力一般按设施加温/降温设计负荷确定。

1. 水源热泵特点

与空气源热泵相比，水源热泵具有如下特点。

（1）具有较好的稳定性。地下水或井水的温度受气候影响小，较稳定，一般等于当地平均气温。供热季节性能系数和能效比高。相对于空气源热泵系统，能够节约23%～44%的能量。地下水源热泵的制热性能系数可达2.1～4.4（Aye，et al.，2009）。

（2）具有良好的经济性。相对于空气源热泵，水源热泵运行费用节约18%～54%。一般来说，对于浅井（60m）的地下水源热泵不论容量大小，它都是经济的。而安装容量大于528kW时，井深在180～240m范围时，地下水源热泵也是经济的。地下水源热泵的维护费用虽然高，但与传统的冷水机组加燃气锅炉相比还是低的。使用地下水源热泵技术，投资增量回收期为4～10年。

（3）能够减少高峰需电量。当室外气温处于极端状态时，设施加温对能源的需求量也处于高峰期，而此时空气源泵效率最低，地下水源热泵却不受室外气温的影响。因此，在室外气温最低时，地下水源热泵能减少高峰需电量。

2. 水源热泵工作原理

（1）夏季降温。工作介质在蒸发器中吸收设施循环水热量，由低压湿蒸汽变成低压气体，经压缩机压缩成高温高压过饱和气体，此气体工质在冷凝器内冷凝液化为常温高压液体把热量释放到地下水中，当工质经过膨胀阀降压节流后，又变成低压湿蒸汽。如此循环，使室内热量由地下水带到地层中，以达到制冷的目的。

（2）冬季加温。热泵系统工质在蒸发器中吸收地下水热量，

设施园艺热泵技术及应用

由低压温蒸汽变成低压蒸汽，经压缩机压缩成高温高压过热蒸汽，此气体工质在冷凝器内冷凝液化为饱和液体（或过冷液体）释放热量，传递给设施内循环水系统，达到加温目的。

水源热泵大都是利用水的显热，每吨水中大约可提取 5.8 ~ 7kW 能量，水结冰时，可以利用结冰的潜热，每吨水制成冰，约可提取 93kW 的热量。从而在很大程度上节省水量。

3. 运行性能系数影响因素

如图 11 - 2 所示，为了取得较高的运行效率，需要将冷凝器和蒸发器的温度差维持在较低的水平。比如，在利用水源热泵进行室内加温时，冷凝器的温度为 70℃，可以供给室内 40℃ 左右的热空气，若同时增大室内机风量，冷凝器的放热量还会增加，在冷凝器热交换能力较高的情况下，降低冷凝器的温度，压缩机耗电量相应降低，热泵运行效率升高。

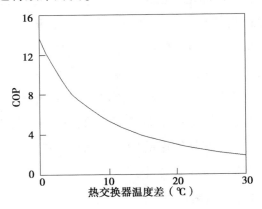

图 11 - 2　性能系数（COP）与热泵热交换器温度差的关系

另外，利用水源热泵需要特别注意的是，热泵设备对水质有一定要求，在安装前，需要对水质进行检测，以免排水管跟换热设备被堵塞或腐蚀。

第二节　土壤源热泵

土壤源热泵是一种以浅层土壤作为热泵热源或冷源，通过输入少量的高位能（如电能），实现从浅层土壤中提取热能并向高位热能转移的热泵系统。土壤源热泵兼具加温和制冷双重功能的热泵技术，具有节能、环境效益显著、一机多用等特点。

与空气相比，土壤层具有更好的热稳定性，能够在冬季寒冷地区提供比环境温度更高的热源，并且在夏季需要降温时提供比环境更低的冷源，因而土壤源热泵比普通空气热源热泵具有更高的效能（Benli and Aydin，2009）。土壤源热泵主要采取两种形式，一种是将装有热泵循环工质的换热排管垂直或水平地埋入地下，另一种是借助中间介质（如盐水，乙二醇等水溶液）将土壤中热量转移到换热排管中（图2−7和图2−8）。

第三节　太阳能辅助热泵

太阳能清洁无污染，取之不尽、用之不竭。近几年，太阳能热水系统因其节能环保优势在我国得到迅猛发展。但是太阳能热水系统存在加热周期长，无法全天候工作，在冬季和阴雨天气下需要辅助热源，消耗较多的高品位能源，安装地点受限等诸多问题。因此，太阳能一般与其他加热方式相结合使用，在设施中常用的有太阳能－空气源热泵、太阳能－水源热泵和太阳能地源热泵等。

1. 太阳能－空气源热泵

太阳能－空气源热泵结合太阳能和空气源热泵的各自特点，将这两个系统进行有机结合，用太阳能作为辅助热源弥补空气源热泵

设施园艺热泵技术及应用

寒冷季节效率较低的缺陷。太阳能－空气源热泵系统将太阳能集热器与热泵蒸发器合二为一，太阳能集热器同时作为热泵的蒸发器，太阳能集热器内直接充入循环工质，如图 11－3 所示。晴天，工质直接在集热蒸发器中吸收太阳辐射能而得到蒸发；阴雨天和夜间，该系统即相当于空气源热泵，由集热蒸发器吸收周围空气中的热量。

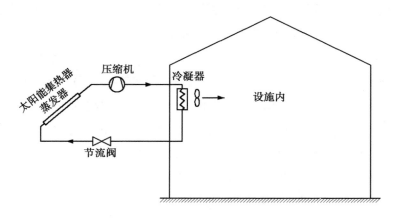

图 11－3　太阳能－空气源热泵工作原理

2. 太阳能－地源热泵

太阳能－地源热泵是利用太阳能与土壤（水）热能作为热泵热源的复合热源热泵系统，属于太阳能与地热能综合利用的一种形式。由于太阳能与土壤（水）热源具有很好的互补与匹配性，因此太阳能－地源热泵具有单一太阳能与地源热泵无可比拟的优点。太阳能－地源热泵包括四部分：太阳能集热系统、地下埋管换热系统、热泵工质循环系统及室内热泵系统。与常规热泵不同，该热泵系统的低位热源由太阳能集热系统和地下埋管换热系统共同或交替来提供。根据日照条件和热负荷变化情况，系统可采用不同运行流程，从而可实现多种运行工况，如太阳能直接加温、地源热泵加温（冬季）或降温（夏季）、太阳能－地源热泵联合（串联或并联）

加温、太阳能－地源热泵昼夜交替加温及太阳能集热器集热土壤埋管或水箱蓄热等，每一流程中太阳能集热器和土壤热交换器运行工况分配与组合不同，流程的切换可通过阀门的开与关来实现。

太阳能集热器与 U 形埋管联合作为热泵热源的太阳能－地源热泵联合加温运行为例，其工作原理为：冬季白天热泵蒸发器同时从集热器与地下埋管中吸收低位热能，经压缩机提升由冷凝器输出高品位的热能进行设施加温。夜间，则主要利用埋管从土壤中取热作为热泵热源，负荷较大时，亦可利用蓄热箱中蓄存的太阳能来提高热泵进口温度（Ozgener，2010）。夏季，系统采用地源热泵进行设施内降温，太阳能系统可用于发电。

设施园艺热泵技术及应用

155

参考文献

REFRENCES

鲍顺淑，杨其长，闻婧，等.2008.太阳能光伏发电系统在植物工厂中的应用初探［J］.中国农业科技导报，10（5）：71-74.

陈东，谢继红.2006.热泵技术及其应用［M］.北京：化学工业出版社.

陈慧子，石惠娴，裴晓梅，等.2013.太阳能光伏-地源热泵式供能植物工厂空调系统［J］.建筑节能，41（11）：1-9.

蒋能照，刘道平，等.2008.水源、地源，水环热泵空调技术及应用［M］.北京机械工业出版社.

刘文科，杨其长，魏灵玲.2012.LED光源及其设施园艺应用［M］.北京：中国农业科学技术出版社.

马承伟，苗香雯.2005.农业生物环境工程［M］.北京：中国农业出版社.

仝宇欣，程瑞锋，王君，等.2014.设施农业增施CO_2利用效率影响因素及其调控策略［J］.科技导报，32（10）：62-72页.

王君，杨其长，魏灵玲，等.2013.人工光植物工厂风机和空

调协同降温节能效果［J］.农业工程学报，29（3）：177－
183.

徐邦裕，陆亚俊，马最良.2008.热泵［M］.北京：中国建筑
工业出版社.

杨其长，魏灵玲，刘文科.2012.植物工厂系统与实践［M］.
北京：化学工业出版社.

张振贤.1997.主要蔬菜作物光合与蒸腾特性研究［M］.园艺
学报，24（2）：155－160

周长吉.2010.现代温室工程［M］.北京：化学工业出版社.

周长吉等.2003.中国温室工程技术理论及实践［M］.北京：
中国农业出版社.

朱本海.2006.人工光型密闭式植物工厂的洁净与环境控制
［D］.北京：中国农业大学水利与土木工程学院.

大隅和男.冷凍の理論［M］.1999.東京：オーム社.

古在丰树，Liming，Tong Yuxin，2011.環境情報に資源利用効
率？速度変数情報を統合した植物環境制御法より高度な植
物工場環境制御を目指して，2011日本生物環境工学会生
物環境調節部会［C］.Japan，Osaka，July，9，37－54.

古在丰树，Tong Yuxin，西岡直子，大山克己.2010.ルーム
（家庭用）エアコンを用いた温室の環境調節［J］.農業電
化，（5）：2－8.

古在丰树，後籐英司，富士原和宏.2006.最新施設園芸学
［M］.東京：朝倉書店.

古在丰树.2009.太陽光型植物工場—先進的植物工場のサス
テナブルデザイン［M］.東京：オーム社.

林真纪夫，大田直大山克己ら.2009.施設園芸におけるヒー
トポンプの有効利用［M］.東京：社团法人農業電化
協会.

设施园艺热泵技术及应用

157

平田哲夫，岩田博，田中誠ら. 2009. 基礎からの冷凍空調 [M]. 東京: 森北出版株式会社.

Aye, L., Fuller, R. J., & Canal, A. 2009. Evaluation of a heat pump system for greenhouse heating [J]. International Journal of Thermal Sciences 1 – 7.

Benli, H., & Aydin, D. 2009. Evaluation of ground – source heat pump combined latent heat storage system performance in greenhouse heating [J]. Energy & Building, 41, 220 – 228. doi: 10. 1016/j. enbuild.

Bergstrand K. J., Schüssler H. K. 2012. Recent progresses on the application of LEDs in the horticultural production [J]. Acta Hort., 927: 529 – 534.

Byun, J., Lee, J., & Jeon, C. 2008. Frost retardation of an air – source heat pump by the hot gas bypassmethod [J]. International Journal of Refrigeration, 31, 328 – 334.

Delucia E H, Sasek T W, Strain B R. 1985. Photosynthetic inhibition after long – term exposure to elevated levels of atmospheric carbon dioxide [J]. Photosynthesis Research, 7 (2): 175 – 184.

Eamus D, Duff G A, Berryman C A. 1995. Photosynthetic responses to temperature, light flux – density, CO_2 concentration and vapour pressure deficit in Eucalyptus tetrodonta grown under CO_2 concentration [J]. Environment Pollution, 90 (1): 41 – 49.

Fujiwara K., Yano A., Eijima K. 2011. Design and development of a plant – response experimental light – source system with LEDs of five peak wavelengths [J]. Light & Visual & Environment, 35 (2): 117 – 122.

Hewitt, N., & Huang, M. 2008. Defrost cycle performance for a circular shape evaporator air source heat pump ［J］. International Journal of Refrigeration, 31, 444 – 452.

Huang, D. , Li, Q. , & Yuan, X. 2009. Comparison between hot gas bypass defrosting and reverse – cycle defrostingmethods on an air – to – water heat pump ［J］. Applied Energy, 86, 1 697 – 1 703.

Kozai T. , Chun C. 2002. Closed systems with artificial lighting for production of high quality transplants usingminimum resource and environmental pollution ［J］. Acta Hort. , 578: 27 – 33.

Kozai, T. 1986. Thermal performance of an oil engine driven heat pump for greenhouse heating ［J］. Journal of Agriculture Engineering Research, 35 – 37.

Li Kun, Yang Qi – Chang, Tong Yu – Xin, et al. 2009. Usingmovable Light – emitting Diodes for Electricity Savings in a Plant Factory Growing Lettuce ［J］. Hort Technology, 24 (5): 546 – 553.

Li Kun, Li Zhipeng, Yang Qichang. 2010. Improving Light Distribution by Zoom Lens for Electricity Savings in a Plant Factory with Light – emitting ［J］. Diodes Frontiers in Plant Science, 7 (28) .

Louis – Martin D, Mark L, Vale'rie O. 2011. Review of CO_2 recoverymethods from the exhaust gas of biomass heating systems for safe enrichment in greenhouses ［J］. Biomass and Bioenergy, 35 (8): 3 422 – 3 432.

Martineau V. , Lefsrudm. , Nazninm. T. , et al. 2012. Comparison of light – emitting diode and high – pressure sodium light treatments for hydroponics growth of Boston lettuce ［J］. Hort Science, 47: 477 – 482.

设施园艺热泵技术及应用

Nishimuram. , Kozai T. , Kubota C. 2001. Analysis of Electric Consumption and its Cost for a Closed – type Transplant Production System [J]. Journal of Society of High Technology in Agriculture, 13 (3): 204 – 209.

Ohyama K, Kozai T, Yoshinaga K. 2000. Electric energy, water and carbon dioxide utilization efficiencies of a closed – type transplant production system [M]. Netherlands: Springer, 28 – 32.

Ohyama K. , Fujiwaram. , Kozai T. 2001. Consumption of Electric Energy and Water for Eggplant Plug Transplant Production in a Closed – type Transplant Production System [J]. J. SHITA, 13 (1): 1 – 6.

Ohyama K. , Yoshinaga K. , Kozai T. 2000. Energy andmass Balance of a Closed – type Transplant Production System (part 1) – Energy Balance [J]. J. SHITA, 12 (3): 160 – 167.

Ohyama, K. , Fujiwara, M. , Kozai, T. , et al. 2001. Consumption of electric energy and water for eggplant plug transplant production in a closed – type transplant production system. J. Soc. High Technol [J]. Agr. 13: 1 – 6.

Ozgener, O. 2010. Use of solar assisted geothermal heat pump and small wind turbine systems for heating agricultural and residential buildings [J]. Energy, 35: 262 – 268.

Tong Y. , Kozai T. , Nishioka N. , et al. 2010. Greenhouse Heating Using Heat Pumps with a High Coefficient of Performance (COP) [J]. Biosys Engin. , 106 (4): 405 – 411.

Tong Y. , Kozai T. , Ohyama K. 2013. Performance of household heat pumps for nighttime cooling of a tomato greenhouse during the summer. Appl Engin [J]. Agri. , Asabe, 29 (3): 414 – 421.

Tong Y. 2011. Integrated greenhouse environment control using heat pumps with high coefficient of performance [D]. Tokyo Chiba U-niversity.

Tong, Y. , Kozai, T. , Nishioka, N. , et al. 2012. Reductions in Energy Consumption and CO_2 Emissions for Greenhouse Heated with Heat Pumps, Applied Engineering in Agriculture, ASA-BE, 28, (3): 401 – 406.

Tong, Y. , Yang Q. , Shimamura S. 2013. Analysis of Electric – energy Utilization Efficiency in a Plant Factory with Artificial Light for lettuce production. Proc. IS on New Technol. for Env. Control, Energy – Saving and Crop Prod. in Greenhouseand Plant Factory – Greensys Eds. : Jung Eek Son et al. Acta Hort [J]. 1037, 277 – 284.

Tongbai P, Kozai T, Ohyama K. 2010. CO_2 and air circulation effects on photosynthesis and transpiration of tomato seedlings [J]. Scientia Horticulturae, 126 (3): 338 – 344.

Wang Jun, Tong Yuxin, YangQichang, et al. 2016. Performance of Introducing Outdoor Cold Air for Cooling a Plant Production System with Artificial Light [J]. Frontiers in Plant Science, 7, 1 – 10.

Yamada C. , Ohyama K. , Kozai T. 2000. Photosynthetic Photo Flux Control for Reducing Electric Energy Consumption in a Closed – type Transplant Production System [J]. J. Shita, 38 (4): 255 – 261.

设施园艺热泵技术及应用

图　索　引

INDEX OF FIGURE

设施园艺热泵技术及应用

设施园艺热泵技术及应用

表 索 引

INDEX OF TABLE

设施园艺热泵技术及应用